宽怀

——人生幸福哲学课

管庆龄⊙编著

一本修炼身心的哲理书，一本根除烦扰的治愈系读本
深刻揭示内心强大的法则，送给每一个渴望幸福的人

台海出版社

图书在版编目(CIP)数据

宽怀：人生幸福哲学课 / 管庆龄编著. --北京：

台海出版社,2013.7

ISBN 978-7-5168-0162-8

Ⅰ.①宽… Ⅱ.①管… Ⅲ.①人生哲学–通俗读物

Ⅳ.①B821-49

中国版本图书馆 CIP 数据核字(2013)第 117361号

宽怀：人生幸福哲学课

编　　著:管庆龄

责任编辑:姜　航

装帧设计:天下书装　　　　版式设计:通联图文

责任校对:唐思磊　　　　　责任印制:蔡　旭

出版发行:台海出版社

地　址:北京市朝阳区劲松南路 1 号，　邮政编码：100021

电　话:010-64041652(发行,邮购)

传　真:010-84045799(总编室)

网　址:www.taimeng.org.cn/thcbs/default.htm

E-mail:thcbs@126.com

经　销:全国各地新华书店

印　刷:北京柯蓝博泰印务有限公司

本书如有破损、缺页、装订错误,请与本社联系调换

开　本:710×1000　　　1/16

字　数:190 千字　　　　　印　张:15

版　次:2013 年 8 月第 1 版　　印　次:2013 年 8 月第 1 次印刷

书　号:ISBN 978-7-5168-0162-8

定　价:32.00 元

前　言

什么是宽怀？

答曰：宽心如海，当下开怀。

用《菜根谭》作者洪应明的话来说就是："宠辱不惊，闲看庭前花开花落；去留无意，漫随天外云卷云舒。"

人生路上总是有得有失、有喜有悲，总会遇到诸多不必要的痛苦与烦恼。那么，我们应该如何坦荡超然地去尽情沐浴人生旅途上所有的风霜雨雪呢？

当代著名禅师、佛教文化著名学者延参法师提出了"宽怀人生"的人生慧语，为我们开启了人生的一扇窗。本书正是在继承和发扬延参法师佛理的基础上，以佛教精义为根底，对世俗社会的人和事，即人生观、财富观、爱情婚姻、家庭教育、人际交往、成功励志等诸多方面进行了阐释，勘破纷扰表象，为你指引自省自在的人生幸福。

首先，学会给自己一份宽怀。

将自己的心放宽，并不是看破红尘、不思进取，而是经过岁月磨砺后的沉稳含蓄，看淡世俗名利，活得更加潇洒、更加充实。

你要学会在世事的牵累、终日的忙碌中，偷出空闲，滋养自己，用宽怀去呵护自己的心灵，呈现出来的便是阳光的笑容、端庄的气度、深厚的内涵。

其次,学会给别人一份宽怀。

给别人宽怀的人,善待生命,沉稳而不缺少热情,淡然而不缺少善良,总能以微笑面对困难,不为日常琐事而计较,不为生活的压力而焦虑,不为儿女情长的善变而烦恼忧郁。失意时,用笔记录潮起潮落的心绪,在挫折面前,告诫自己重新振作,适应新的处境;在苦难面前,命令自己跨过颓唐,去拥抱新的一轮红日。

最后,学会给世界一份宽怀。

"世界如此浮躁,你要内心强大",只有宽怀,才能做到真正的内心强大。要学会对人生、对社会的宽容、不苛求,对工作或事业努力而不忘乎所以。要知道,人生需要执著,但更需要随缘。

宽怀的人,简单地活着,善良、率直、坦荡,有足够的时间和心情去品评人生的蕴味,享受人生的乐趣。

本书将佛教义理生活化,深入人心,用细腻、淡雅、韵致的笔调阐述人生的种种——小到寻常的喜怒哀乐惧,大到生命、轮回、时间等,蕴涵着修道证悟的禅理,隐寓着深刻的禅理妙义。一言以蔽之,本书告诉你小人生中的大世界——得宽怀处且宽怀,何用双眉展不开?

目　录
contents

佛家有云:"愚人除境不忘心,智者忘心不除境。不知心境本如如,触目遇缘无障碍。"

其实,每个人的内心深处都藏着一个最真实的自己。愈演愈烈的物欲和令人眼花缭乱、目迷神惑的世相百态,会使我们的心一次次地偏离轨道,纠结过往,计较细微……

所以,首先要学会把自己的心摆正,让心灵回归本真,清除心灵中是非的污水,驱散烦恼的黑烟,才能获得清净,获得欢喜。

第二章　放平心态,所有的欲壑就不是那么难填了 ┈┈┈┈┈┈┈ 31

　　　　佛家认为,在人们的内心深处,或多或少都会有一些贪婪的影子。这些影子就像是一个个火种,如果不加以控制,它们很可能会以燎原之势蔓延开来,最终将人们焚毁。

　　　　如何抵御这种贪念呢?延参法师提出:"生活本来就应该知足常乐,何必苦苦追求自己能力以外的东西呢?也许有追求、有远大的目标是一种生活的动力,但如果超过了自己能力所及的限度,那会让我们活得很累很苦。"

　　　　人生苦短,把心放平一点儿,就不会欲壑难填;知足常乐,你会发现生活是如此美好。

恩慈篇　给他人一份宽怀

能容天下的人才能为天下人所容，所以凡是一个能创大事业的人一定要有容忍人的度量。容忍小人虽然在实际上很难做到，但为了事业上的成功，为了照顾大局，就必须有"宽容处世，雅量容人"的胸襟。如果说谦让是美德，那容人同样是美德。

——延参法师谈"对待他人"

许就是因为太在意对方，太在意情感的得失，才会产生情绪的高低起伏，产生猜疑、挑剔、不满、占有……实际上，这不是爱的方式，用这样的方式获得的归属和拥有也是脆弱的，是经不住考验的。

因此，无论是爱人还是被爱，首先要放开胸怀，为爱提供心灵的居所。

第三章　请永远不要因职场的不公平而抱怨——你可以选择宽怀应对

职场中似乎总是充满了各种不公平，它激起了我们的负面情绪，挫伤了我们工作的积极性。

世界上没有绝对的公平，尤其是在职场中，面对纷杂的人际关系和利益冲突，被批评、受委屈在所难免。生气发火于事无补，那就学会宽怀应对吧。

入世篇　给世界一份宽怀

> 人生百年,匆匆一回。谁主沉浮,本无所谓。德厚流芳,精神千秋。走一回人生,不要希求改变什么。佛教徒留给这个世界的不会是诅咒,不会是怨恨,不会是烦恼;佛教徒留给这个世界的只有慈悲、欢喜、祝福和平安。
>
> ——延参法师谈"宽怀人生"

第二章　世界总是美丽的,内心一定要宽怀 ························· 204

生活是一种态度,更多的是看你以何种心态面对。

月有阴晴圆缺,人有旦夕祸福。乐观的人能看到乌云背后透出的一点阳光,悲观的人却只能看到阳光前遮挡的乌云。

世界并非处处险恶,行走间,一定要学会得宽怀时且宽怀。在我们的心中种一个太阳,让阳光温暖我们的心,让乐观指引我们前行。

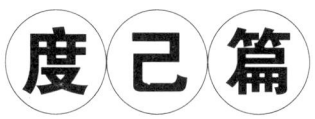

度己篇

给自己一份宽怀

　　生命需要去体会,体会其真实意义。用微笑的态度处世,用快乐的心情生活。境由心生,境随心转。多看些阳光、健康、快乐、温暖,不是世界温暖了,而是自己的心温暖了。要破除"我",就要去掉我们内心的自私、贪婪、愤怒、傲慢、嫉妒、狭隘等。

——延参法师谈"宽怀度己"

第一章

把自己的心摆正

——清除杂念，驱散烦恼

佛家有云："愚人除境不忘心，智者忘心不除境。不知心境本如如，触目遇缘无障碍。"

其实，每个人的内心深处都藏着一个最真实的自己。愈演愈烈的物欲和令人眼花缭乱、目迷神惑的世相百态，会使我们的心一次次地偏离轨道，纠结过往，计较细微……

所以，首先要学会把自己的心摆正，让心灵回归本真，清除心灵中是非的污水，驱散烦恼的黑烟，才能获得清净，获得欢喜。

敞开心胸,学会不计较

我们的生活难免会有很多不顺,但有时候,导致烦恼的并不是一些具体的事情,而是心态出了问题,一旦心态发生了变化,情绪也会跟着改变。

我们计较同样的付出,别人得到的回报却比自己多;我们计较别人说话不考虑自己的感受;我们计较同样的东西,他人的就是比自己的好;我们计较命运总是把机遇给了别人;我们计较给了他人很多,却得不到同等回报;我们为一毛两分钱计较,为一句无心的话计较,为偶然的小挫折计较,为自己的付出到底能得到多少计较……

在这斤斤计较中,满足离我们越来越远,快乐离我们越来越远,幸福也离我们越来越远。

1.把幸福的标准建立在与别人的比较上,生活就会充满不快乐

攀比是希望自己完美,而不是让自己变得卑微,但盲目攀比却会让人变得情绪不好,让人变得不知道什么是满足。

生活中常有这样的例子:本来小两口生活得幸福自在,可某一天,妻子对丈夫说:"你看隔壁的老张,衣冠整齐,哪像你这样邋遢。"丈夫听后,脸色马上由晴变阴,尽管当时不一定言语,但心中肯定会不痛快。过了一会儿,丈夫怒气冲冲地说:"你若看重生活上追求吃喝穿戴、

工作上马马虎虎的人,那你就干脆找别人去。"

妻子随便一句比较的话,使丈夫的尊严受到伤害,由此,妻子在丈夫心中也失去了不少光彩,一场舌战不可避免。

几十年前,《巴尔的摩哲人》的编辑亨利·曼肯说过:"财富就是你比妻子的妹夫多挣100美元。"行为经济学家说:"我们越来越富,但是体会不到幸福,部分原因是,我们总拿自己与那些物质条件更好的人相比。"

　　春节过后,杜丽丽突然变得挑剔了起来,总是抱怨这、抱怨那,谈话中句句离不开钱,让人听了特别心烦。

　　原来杜丽丽在春节期间参加了一次同学聚会,看到同学们一个个财大气粗、有车有房有事业,让她心里特别不平衡。都是同龄人,为什么别人样样出色,而自己也是每日勤勤恳恳地工作,却总是稍逊一筹?

　　于是,她对众友人夸下海口,说近日要携家人出国旅游一次。但回家一合计,此行开销不菲,于是,她又对众友人说近期工作繁忙,凡事要以大局为重!

　　众友人对此不以为然。但过了几日,杜丽丽觉得朋友们对她的言论没有发表意见,有些不寻常。她不禁心想:难道大家都在笑话我穷吗?咱人穷志不短,我不去旅游,还不能做点别的事情让你们看看?

　　苦思冥想了几日后,杜丽丽决定买一些饰物来装扮自己,同时达到在朋友面前炫耀一番的目的。于是,她不顾丈夫的反对,提出了家中的定期存款,买进了戒指、手链、名牌包和鞋子等饰物。

　　她以为有了这些东西,装点着门面,自己应该能赢回自信了,于是又邀了友人二三相聚。起初看到友人们个个清汤挂面,着实让她得意了一番。宴请完毕后,她又大方地抢着付账,畅快地接叙友情。

聚会结束,杜丽丽怀着激昂的心情回了家。回家后细细品味此次聚会的风光,她突然又想到众友人都是开着车去聚会的,只有她自己是打的去的。

这下,她心态又不平衡了。想想看,春节聚会时那些没上大学或上普通大学的同学们都有车有房,那些当初学习不好的女同学也嫁得无限风光,而自己当初样样强,如今却样样不如人!

于是越想越不平衡,开始对家人横挑鼻子竖挑眼,指责这个指责那个,怨天怨地……

科内尔大学教授罗伯特·弗兰克曾提过一个问题:"你是愿意自己挣11万美元,其他人挣20万美元,还是愿意自己挣10万美元,而别人只挣8.5万美元呢?"大部分美国人都选择了后者。弗兰克写过一篇论文《多花少存:为什么生活在富裕的社会里,却让我们感到更贫穷》,里面提到了住房,一个人到底需要多大的面积,主要取决于邻居拥有多大的住房。如果邻居的住房小,那他也不需要太大的住房。

人们往往在攀比着别人的幸福,望着他人姹紫嫣红的花园,而忽略了自己脚下青翠的小草。殊不知,幸福是自我,是相对,是拒绝。幸福具有普遍性和特殊性,它的特殊性属于每一个人。

据心理学家调查,《福布斯》榜上有名的百万富翁和生活在纽约地铁的流浪汉回答感到快乐的比例差不多,太平洋岛国的土著人与后工业化时代的人们的幸福感也非常相近……正如一棵青草,虽没有乔木高大,却衍生了"更行更远还生"的顽强生命力。

城市万家灯火的喧嚣能让你如痴如醉,但"采菊东篱下,悠然见南山"的情愫也许更使你流连忘返。幸福犹如天上点点闪烁的繁星,总有一颗属于你。

打个比方,如果一个人习惯性地看向别人的肩膀,那他就会为自己的肩膀不如别人的高而情绪低落甚至是气愤难平。当他努力挺直了

腰板,感觉自己的肩头有所升高,而且比刚才的那个人高了点后,心里便会窃喜不已。

但是,他马上就会发现又过来一个肩膀比他高的人。这次,他再怎么挺腰也不行了。于是,他想到可以踮起脚尖,果然这下子也超过了那个人。

然而,他又发现一个比他高的。这一次,他可能需要跳起来才能超过那人……

就这样,他的眼睛仿佛就是一个小雷达,将所有的时间都用在了搜寻比他高的人上,绞尽脑汁,想尽一切办法去超过他人。

从挺腰到踮脚再到跳起,然后他开始投机取巧,一架无形的梯子搭建而成。

他一级级向上爬,登上一级之后,他刚开始会有点幸福的感觉,但是马上就会发现更高的目标,于是他不得不继续向上爬。这虽然残忍,但他已停不下来……

每个人都有自己的人生轨迹和道路。有的坷坎,有的平坦;有人一帆风顺,有人百转千回、四处碰壁,满身的伤痛和疲惫。不同的人生,不同的道路,不同的选择。其实,路不在好,适合自己走的就是好路。

如果你把自己幸福的标准建立在与别人的比较上,你的生活就会充满不快乐和遗憾。

链接:女人一辈子在"比"什么?

25岁,比谁打扮得漂亮

这个年龄阶段的年轻女子深信一个"真理":再高的学历、再体面的工作都比不过一副好面孔。对她们来说,姣好的外表是任何难关当

前的敲门砖。"我比她皮肤白""我比她衬衣服""我比她会化妆""我比她洋气"这样的攀比比比皆是。

30岁,比谁身边的男人多

30岁,基本上都在爱情的旋涡里浴了一遭,因此更有资本说,我比嫩女更有阅历。30岁熟女的魅力无可抵挡,感性兼具理性,成熟兼具激情。可以长相平凡,但不能没有气质;可以穿着简洁,但不能不是品牌。到这个岁数,手中握着几个男人的名单,身边有几个追求者;这就是女王,傲视一切。

35岁,比谁的车好谁的房子大

35岁了如果还与人比脸蛋那纯属傻瓜。于是,35岁的女人开始比家境。谁开的车子好,谁住的房子大,都成为她们攀比的内容。

45岁,比谁嫁得好

也许有人说,怎么35岁的时候不比,偏偏45岁再比呢?女人们这时比的更多的是老公有多疼自己。45岁,女人失去了25岁的脸蛋,享受过了35岁的虚荣,人老珠黄的她们,老公正事业有成,面对着外界无数25岁、35岁们的诱惑,什么高大帅气、什么事业有成都已成过眼云烟。45岁的女人渴求风雨过后,老公体贴如初。

55岁,比谁的孩子混得好

55个春秋,即使当初美丽,即使当初奢华,即使现在夫妻恩爱,一切已成定局。女人们开始把目光放到了孩子的身上。与其他女人谈论最多的话题是自己的孩子怎么能干,怎么帅气!

65岁,比谁遛弯儿时间长

风霜雨雪过后,老胳膊老腿的,就看谁能多逛会儿公园,多溜会儿弯儿了。望着朝气蓬勃、奇装异服的年轻人,想着自己也曾年轻过,而且年轻的时候也如此张狂。45岁开始想游山玩水,65岁的时候计划能将中外的名胜都游览一遍。

75岁,比谁的身边还有伴

一生陪自己走得最长的就是自己的爱人了,无论恩爱一生还是打闹一生,多则50少则40载的陪伴,已经成为一种习惯。75岁,奶奶们炫耀的多是自己的老伴还硬朗,即使半身不遂了,两个人还可以互相搀扶着共度春秋。爷爷奶奶们都想说:我们一辈子一起下地干活,一起回家做饭,从来没分开过。

85岁,比谁还能喘气

人到七十古来稀,85岁的人只能努力多喘口气,多留在这个花花世界一些时日,对其他的奢求早已减退。于是,此时唯一能攀比的就是:"我身体还好着呢!""我一天医院都没进过!""我还要等着抱重孙呢!"

2.少点计较,就是对快乐和幸福的放生

有很多人,尽管拥有金山般的财富,拥有他人无可企及的事业,可他们却过得一点都不开心。因为在无数的计较中,他们早已忘记惊喜为何物、快乐为何物、幸福为何物了。

有位女士,能力过人,如果她能将心思花在自我提升上,绝对能成为社会的栋梁之材。可惜,她偏偏是个喜欢事事计较的人。

这位女士日日上班都愁苦着一张脸,她计较老板安排了她太多的工作,让她无法得到跟其她同事一样的休息时间;她计较与人合作完成的项目,老板夸赞别人永远多于自己;她计较自己付出了那么多,得到的薪酬却比别人少;她计较同事生日总跟自己收份子钱,却不记得自己的生日。她甚至常常为这样的事纠结:为什么旁边的同事有好吃的却总是不给自己?为什么大家聊天,话题的主角永远是别人?为什么明明是别人发出的奇怪声音,大家偏偏要往自己这边看……这些弄得

她时时刻刻心情烦躁。

这位女士还有一个最大的毛病,就是喜欢猜疑,小问题总被她放大来分析。可是,她没注意到,一钻牛角尖,就要"魔鬼"缠身了。比如,朋友开玩笑说:"你女儿以后嫁给我儿子。"她便开始猜疑,以为对方诚心不让自己有儿子,是在诅咒,心里便不舒服起来,就算当时不说,以后也必定会找个机会把这话还回去;若她帮助了别人,下次等到自己有事时,别人也一定要主动伸出援手,如果没有,她就会非常不舒服,觉得对方忘恩负义,以致莫名其妙地就对对方横眉竖眼;再比如参加友人婚礼,自己送了多少礼金,她都记得清清楚楚,一旦别人还礼太少,她就要不舒服了,必须找机会把"本"捞回来。

因为凡事喜欢计较,同事们都不怎么喜欢她,老板觉得她不大气,朋友们也不愿意跟她来往。而日常生活中,她那爱计较的毛病,也让自己吃了不少苦头,与人发生争执成了稀松平常的事情。

想想看,她整日因为计较而生活在乌烟瘴气中,哪还有心情享受生活的美好。人生苦短,我们何不大度点,用心去看那些值得我们看、能让我们快乐的事物,而忽略掉那些会让我们痛苦、郁闷的事呢?

我们总觉得别人的伤害是对自己的侮辱,以为不还击就是懦弱的表现。可是,冲动的背后藏着魔鬼,它会让你付出惨痛的代价。千万不要给心中那些计较的魔鬼机会,宽容大度地对待一切人和事,才是你保护自己、捍卫自己的最佳武器。

有这样一句话:"一件事情,如果想通了就是天堂,想不通就是地狱。"有些事会不会引来麻烦和烦恼,完全取决于你怎样看待和处理它。所谓事在人为,我们要学会不在意,换一种思维方式来面对眼前的一切。

少计较,不仅仅会让自己心胸豁达,也能和别人平易相处。

其实,很多人的烦恼,并不是由多大的事情引起的,而恰恰是因为对身边一些琐事的过分在意和计较导致的。

有的人对别人说的话总是喜欢一句一句地琢磨,对别人的过错更是加倍地抱怨;他们对自己的得失常常耿耿于怀,对于周围的一切过分敏感,而且总是曲解和夸张外来的信息。正是这种人狭隘而幼稚的认知方式为自己营造了可怕的心灵监狱。这也就是我们常说的自寻烦恼。

早在2000多年前,雅典的政治家伯里克利就曾发出警告:"注意啊,先生们,我们太多地纠缠小事了!"后来,法国作家莫鲁瓦更是深刻地指出:"我们常常为一些应当迅速忘掉的微不足道的小事所干扰而失去理智,我们活在这个世界上只有几十个年头,然而我们却为纠缠无聊琐事而白白浪费了许多宝贵的时光。"

停止抱怨,生活并不像你想的那样糟糕

我们每天抱怨的也许只是微不足道的小事,但长期积累就会变成心理上的千斤重担,从而左右我们的生活,使我们寸步难行。

1.抱怨就等于往自己的鞋里放沙粒

人为什么要抱怨?抱怨过去需要良好的记忆力,抱怨未来需要丰富的想象力,抱怨还需要一张不知疲倦的嘴……抱怨真的是一项艰苦的劳动,可是有的人却把抱怨当成家常便饭。

你是否注意到在你周围有这样的人:他们整天都在埋怨,似乎从来就没有过顺心的事,没有过顺利的时候。这样的人,无论你什么时候和他们在一起,都会听到他们不停地唠叨埋怨,高兴的事全被抛在了脑后,不顺心的事总被挂在嘴上。

所谓"抱怨者,人远之",无论什么时候,大家都想离那些消极忧郁、抱怨不满的人远一点,他们的出现只会削减积极的能量。比如,他们会跟你说"周围没一个好东西"、"老板这个人真不怎么样",长此以往,你会渐渐地对一切本来确定的事情产生怀疑,对美好、正直、善良的东西不再信任。

近朱者赤,近墨者黑。结交一些积极、优秀的朋友,可以从他们身上学到很多有益的东西,他们那阳光般的心态可以驱除人性的阴暗,让不良的习性无处遁形;但如果结交的是一个对世界不满、对人生不满的人,在他的唉声叹气中,也会被熏染得失去理想、正直、无私等正面的东西。

格林和他太太认识了一对夫妇,他们有个儿子和格林的女儿同龄。四个大人有很多共同点,小孩子也喜欢在一起玩,所以两家人花了很多时间相聚、相处。然而,过了几个月之后,格林夫妇便不再期待这种聚会了。格林太太说:"我真的很喜欢他们两个,可是她每次一跟我说话,就只会抱怨先生。"格林告诉他太太,他和那家的先生单独相处时,那家的先生最常做的事也是抱怨太太。

他们发现,这对夫妻在发牢骚的时段里,不但各自抱怨对方,而且似乎还打定主意,要帮忙为格林夫妇的夫妻关系挑出毛病来。他们试图让格林夫妇去注意或谈论到底不喜欢对方什么。久而久之,格林夫妇便找借口疏远了这家人。

抱怨者不见得不善良,但常常不受人欢迎。抱怨能够毁坏人和

人之间正常的关系,抱怨者的本意可能是想让别人替自己打开一扇门,但结果往往是令别人把那扇本来为你敞开着的窗也关闭了。如果你见到抱怨者就会远远躲开,那你就不要去做那人见人厌的抱怨者。

日常生活中,我们听到的抱怨有层次高低之分,有人把抱怨分为低级抱怨、高级抱怨和超级抱怨。所谓低级抱怨,是指因为基本的生存需要得不到满足而产生的抱怨,比如工资不够高、生活很劳累、工作环境恶劣等;高级抱怨则涉及人的自我尊重和自我价值肯定等问题,比如自己没有得到领导的肯定、没有发挥能力的机会、自己的付出得不到家人的认同等;超级抱怨往往是对整体环境而言的,比如对于整个社会正义的期待等。抱怨者往往有一种忧患人世的危机感,抱怨社会并不像他所想象的那般美好。

在温饱已不成问题、社会飞速发展的今天,我们见到的多是高级抱怨和超级抱怨。这些抱怨一般指向家庭和工作上的不满,且以女性居多。

"我哪点比她差?她的长相不如我,身材不如我,工作也不如我,为什么他会看上她,真是气人。"

"你看,我和她做一样的工作,我们的业绩不相上下,而且我的资历比她还老,凭什么提她做经理?"

"看人家爱丽丝,都已经开上豪华跑车了。可是我呢?什么都没有。你和她老公是同学,你怎么就差别人那么远呢?"

"为了这个家,我付出了多少啊,每天操劳这、操劳那的,到头来,你却说我不够体贴温柔,这日子没法过了。"

其实,女性的很多抱怨都来自自己的不独立。由于从小受到传统观念熏陶,习惯于设想未来的自己是贤妻良母,而不是一个独立的社会人。当社会提供机会让她们独立,过一种不依靠男人的生活时,从小养成的依赖心理又会使她们犹豫不决,甚至会因失去了男人的依靠而

感到惶恐和不安。女人是一个矛盾体,她们既渴望生活带给她们发现自我和实现自我的机会,以维护自己的尊严,又不愿意承担过多的责任,害怕承担责任产生的紧张、压力和不稳定。

如果女人在心理上过于依赖别人,就会把自己的快乐和成功寄托在别人身上。当把快乐和成功寄托在男人身上时,如果男人无法给她带来满足,就会大大折损她的幸福感,于是她就会开始抱怨男人;当把自我实现的愿望寄托在领导身上时,她们会对领导的批评或表扬格外敏感,一旦领导批评自己,就觉得无法忍受,仿佛整个天都要塌了。

抱怨其实是怯弱无能的表现。凡是有能力的人,无论是遇到困难,还是陷入不利的境遇,总能冷静地考虑对策,依靠自己的努力去征服困难,扭转被动局面;而懦弱无能的人,碰到一点小小的困难就会束手无策,既然没法依靠自己的力量和智慧去战胜困难,就免不了怨天尤人、牢骚满腹。

有一句谚语这样说:"如果说不出别人的好话,不如什么都别说。"那是在告诫世人,为人处世要学会尊重和赞美他人,至少也应做到谨言慎行。可惜的是,这句话并没有引起足够的重视。

在当今社会,小到一个家庭,大到一个跨国公司,到处都是永不止息的抱怨。工作环境不好,抱怨;领导没给加薪,抱怨;经济不景气,抱怨;老公赚的钱不多,抱怨……生活的方方面面,无不处在抱怨之中。

但是想想,抱怨是否解决了问题?抱怨工资待遇不好,你的薪水不会提高,反而有可能因为你长期的逆反心理,而使工作状态不佳,导致工资没升反降;抱怨同事不好相处,这样你就不会去积极地想办法改善你们的关系,也不会自省自己有什么缺点,总是自己一个人生闷气,甚至变得更加小肚鸡肠,你和同事之间的关系也越来越僵;抱怨男人对你疏远,当你变成一个怨妇的时候,只会让你的魅力降低,让别人更

想离你而去,怎么还可能通过抱怨锁住心爱的人;抱怨自己的运气不好,既然是运气,那就肯定有好有坏,就像掷色子一样,不可能总是6点,你再抱怨也是一样的结果,相反,可能还会因抱怨让你错过弥补过失的时机。

抱怨能破坏我们头脑中积极的意识。比如,当产生抱怨的意识,我们就会放下手中的活,开始拼命为自己找理由、鸣不平。我们给自己树了一个靶子,那就是抱怨的事物。为了击中这个靶子,我们不顾一切地寻找理由,一旦结果与我们想要的相违背,我们就开始大骂世界不公平,抱怨老天无眼。长此以往,不但影响工作的完成,影响心情,还会形成一种抱怨惯性,一有什么事情违背了自己的心意,就无法冷静,然后抱怨起来。

美国心理学家艾利斯说:"生命中最棒的时刻,就是你认清自己该担负责任的时刻。你不会再责怪你的母亲、大自然或者总统,你开始了解自己才是命运的主宰。"种种抱怨都来自于对他人过分依赖,过于看重别人的态度,而忽视了自己的感受。

荀子说:"自知者不怨人,知命者不怨天,怨人者穷,怨天者无志,失之己,反之人,岂不迂乎哉?"有自知之明的人会选择生活的道路,时刻把握命运的主动权。

每个人都要对自己的人生负责,人生中的各种滋味,只有自己才能品尝;人生中的成功和快乐,只有自己能找到。不要把失意与挫败归咎于童年的不幸、教育的不当、家庭的贫穷等,那些因素只是诱发烦恼的外因,而自身的个性心理弱点才是导致烦恼的根本原因。依赖心理如同一张无形的罗网,束缚着你的心灵。你要做的是勇敢地迈出第一步,勇敢地为自己的行为负责。要知道,当你对自己行为负责时,你才能找到理想的解决方案,你所抱怨的事情也才会纷纷化解,抱怨才能远离你。当然,你的生命也会因为有了这样的历练而丰富美丽。

有一些女性,她们并不漂亮,也不出色,但是她们的脸上总是洋溢着快乐,不但容光焕发,还带给人一种舒适感。这样的女人,即使不优秀,也让人非常想靠近。

正如法国作家伏尔泰所说:"使你疲倦的不是远方的高山,而是鞋里的沙子。"如果生活是一双鞋,抱怨就如同往自己的鞋中放进沙子,使你行路更难、旅途更累。抱怨之后非但不会轻松、释怀,反而会使心情更加抑郁、沉重。

巴尔扎克说过:"人生是各种不同的变故、循环不已的痛苦和欢乐组成的。那种永远不变的蓝天只存在于心灵中间,向现实的人生去要求未免是奢望。"童话般的国度是不存在的。"牢骚太盛防肠断,风物长宜放眼量。"遇到不美满的事情要"放眼量"、想得开,做个豁达、洒脱的人。清朝的胡庵这样说:"思量疾厄苦,无病便是福;思量悲难苦,平安便是福;思量死来苦,活着便是福。也不必高官厚禄,也不必堆金积玉。一日三餐,有许多自然之福,我劝世人,不可不知足。"珍惜生活中美好的东西,而无视那些不美好的,心情才会豁达开朗,生活才会更加丰富多彩。

2.找出抱怨的源头,从本质上解决问题

其实,我们都知道,抱怨只是一种情绪的发泄,于事无补,不停地抱怨,只会放大原来的烦恼。如果想抱怨,生活中的一切都可能成为你抱怨的对象;如果不抱怨,换一个角度想问题,你会发现,通过你的努力,你能改善现状,并获得成功和幸福的体验。

比如,你选择了做幼儿园老师,虽然工作中有很多不如意,但你并不愿意转行。那么,这就需要改变自己对工作的看法;怎么做才能让自己更喜欢这个工作? 在改变中,你会体验到乐趣。你还会发现,扫除抱

怨能让你拥有创造力,拥有发挥聪明才智的空间。

所以,在行走之前,先扔掉鞋中的抱怨这粒沙子吧!

首先,分析一下你属于哪种抱怨?

(1)期望不合理。

抱怨最直接的诱因是对现状(包括自己、他人、环境等)不满,这意味着当事人的内心有一个标准或期望值。

"为什么我父母不是富翁?"

"为什么老板没有让我晋升?"

"为什么我不能受到更多的训练?"

"为什么我没有做到?"

"为什么没人告诉我应该这样做?"

"为什么我就是找不到爱我的人?"

……

所有这些"为什么"控制着你的心态和情绪,让你把生命的很大一部分精力和时间都投放在抱怨之中,长此以往,只会加剧自己是一个无价值、无力量、无用之人的恐惧。

现在,你可以尝试用"如何"来替换它们,使自己充满热情和接受挑战的勇气。你可以问自己:"我如何才能做到?""我如何才能让老板给我升职?"等。

相对于反复受挫而怨言不断,把"为什么"转变成为"如何",能够给你带来超乎想象的更有建设性、更愉悦的心境。

(2)缺乏自信和行动力。

抱怨别人其实是一种对自己的缺点和失败的否定,是对应承担的责任的逃避,这种人通常都缺乏自信心和行动力。抱怨只会使他们失去自我完善和发展的机会,从而继续在错误的道路上徘徊不前。他们的抱怨往往来自于内心的害怕,害怕面对事情,害怕面对问题本身,害怕和别人进行有意义的交流等。

例如,事业失败了,他会带头抱怨,因为他害怕遭到别人的质疑或嘲笑。于是,他说他不是没有努力,而是客观环境太恶劣。但事实并非如此,他失败的原因多半在于自身,要么就是没有努力,要么就是没有找对方法。而那些听他抱怨的人会根据他所说的频频点头,这样的结果让他满意——"看,我就知道问题不在我,他们也都这么认为!"

当面对一个难题时,他心里的恐惧占了上风,他害怕不能战胜难题,害怕自信心受到伤害。于是,他又开始抱怨,想逃避,想通过抱怨抑制自己内心的恐惧。今天上司给了他一个策划书,让他在明天早上开会前准备好。他很害怕准备不好而遭到上司的责备和同事的鄙视,最后连自己都不相信自己的能力。于是,在开始行动之前,他嘴里不禁又开始抱怨起来:"老板真是不公平,让我在这么短的时间做这么难的事!""小李明明比我清闲,为什么偏偏不找他?真倒霉!"

内心的恐惧让他终日抱怨,于是他意志消沉,变得更加软弱。但他忽略了非常重要的一点:事情的成败取决于自己做事的态度。

福特汽车公司退休的前总裁唐纳·彼得森,当他接掌福特公司帅印的时候,正赶上美国汽车业不景气和通用汽车一枝独秀的形势。他的做法不是跟自己说:"天啊,真倒霉,赶上这么个光景!"而是不断寻求设计者的建议,推出了"金牛"和"黑貂"两种车型,并在当年盈利上首次超过了通用汽车公司。

(3)情感表达不当。

有些人把抱怨当作表达情绪的一种方式,但结果常常适得其反。父母抱怨子女工作太忙太拼命,其实是想表达对子女的牵挂;妻子抱怨丈夫不顾家,其实只是希望他能多陪陪自己……可惜被抱怨的人并不总能听懂抱怨背后的情感,他们很容易将抱怨理解为批评指责,然

后针锋相对,最后演变成一场"战争"。亲人之间情感的表达应当采取积极、正面的方式。

(4)习惯性抱怨。

如果你被别人欺骗了,你可以怨天尤人、痛骂社会,甚至自责,但事情却不会因这些而改变。这一切只会影响你和日后的生活。

现实中存在不少这样的人,他们往往把抱怨当成聊天的内容,而不会寻找其他的话题。即使没有特别的事情发生,人们抱怨的事情也是五花八门:天气、交通状况、商场里拥挤的人群、银行里的长队、变老的事实、待遇太少、疾病的困扰、子女的问题,等等。

大多数人觉得抱怨是很好的发泄工具,因为它能在人受到挫折或面临困难的时候放松自己的心情,却忽略了这种情绪对自己的严重影响。爱抱怨者,可能很难意识到:很多抱怨都是他们自己一手造成的!工作没做好,上司自然会来找麻烦;不注意减肥,当然没有适合自己的衣服;不看天气预报,被雨淋了又能怪谁?所以,当试图抱怨的时候,不妨先从自己身上找找原因。否则,一旦养成了抱怨的习惯,就会把自己的问题隐藏起来。而无休止的抱怨式聊天也会让别人心烦,导致在无形中同事、朋友、家人对你的不满和疏远。

不因外界的变化引起内心的起伏

西方有条著名的谚语:不要为打翻的牛奶而哭泣。牛奶被打翻了,愚蠢的人会不断地埋怨自己的粗心,并沉溺于痛惜之中;聪明的人会一笑而过,既然牛奶洒了,痛惜也没用,不如努力工作,去挣得下一杯牛奶和面包。

　　生活中,我们有很多无法改变的东西,比如周围的环境、天气、市场等。既然如此,那我们就不要去改变它们,而是面对、接受它们。在此过程中,我们可以把握和控制一些改变,比如自己的想法、心态、勤奋程度等一些自我的因素,把自己调整到最好状态,去积极地应对各种挑战,不因外界的变化引起内心的起伏。

1.用好心情平衡坏情绪,用新快乐抚平旧伤痛

　　上天赋予了人类同等的欢喜与哀愁,倘若你不懂得用好心情去平衡坏情绪,用新快乐去抚平旧伤痛,那就大大浪费了人类左右情绪的天赋。

　　有一位青年,脾气非常暴躁,经常和别人吵架,因此大家都不喜欢他。

　　有一天,这位青年无意中走到了大德寺,碰巧听到一位禅师在说法。他听得似懂非懂,于是留下来问禅师:"什么是忍辱?难道别人朝我脸上吐口水,我只能忍耐着擦去,默默地承受?"

　　禅师听了青年的话笑着说:"哎,何必擦呢?就让口水自己干吧。"

　　青年听后,有些惊讶,于是问禅师:"那怎么可能?为什么要选择忍受呢?"

　　禅师说:"这没什么不能忍受的。你就把口水当作蚊子之类的东西,不值得为此大动干戈,微笑着接受就行了!"

　　青年问:"如果对方不吐口水而是用拳头打过来,那该怎么办呢?"

　　禅师回答:"这不一样吗?不要太在意,只不过是一个拳头而已。"

　　青年认为禅师实在是胡说八道,终于忍耐不住,忽然挥起拳头,向禅师的头上打去,并喝道:"和尚,现在怎么样?"

禅师非常关切地问：“我的头硬得像石头，并没有什么感觉，但是你的手大概痛了吧？”

青年愣在了那里，忽然心有所悟。

面对青年的暴行，禅师毫不放在心上，辱又从何而来？

当我们修炼好了内心，让内心足够强大，就没有事情能让我们生气。大多数成功者，都是能够把情绪控制得收放自如的人。

很多时候回头想想，那些让我们生气的人和事根本不值得我们生气；再想想，是否有这样一种情况：我们发完了脾气，却忘了自己为什么不高兴。

有一个叫爱地巴的人，每次一和人发生争执，就会以很快的速度跑回家去，绕着自己的房子跑上两圈，然后坐在地上喘气。爱地巴工作非常勤劳努力，他的房子越来越大，土地也越来越广。

但不管房子和土地有多大，只要他因与人争论而生气，就会绕着房子跑两圈。

“爱地巴为什么每次生气都要绕着房子跑两圈呢？”所有认识他的人心里都感到疑惑，但是不管怎么问，爱地巴都不愿意说。

直到有一天，爱地巴很老了，他的房子和土地也太大了，他生了气，挂着拐杖艰难地绕着房子转，等他好不容易走完两圈，太阳已经下山了，爱地巴独自坐在地上喘气。

他的孙子在身边恳求他：“阿公！您已经这么大年纪了，这附近地区也没有其他人的土地比您的更广，您不能再像从前一样，一生气就绕着房子跑了。还有，您可不可以告诉我，您一生气就要绕着房子跑两圈的秘密？”

爱地巴终于说出了隐藏在心里多年的秘密，他说：“年轻的时候，我一和人吵架、争论、生气，就绕着房子跑两圈，边跑边想自己的房子

这么小,土地这么少,哪有时间去和人生气呢?一想到这里,气就消了,把所有的时间都用来努力工作。"

孙子问道:"阿公!您年老了,又成了最富有的人,为什么还要绕着房子和土地跑呢?"

爱地巴笑着说:"我现在还是会生气,生气时绕着房子跑两圈,边跑边想自己的房子这么大,土地这么多,又何必和人计较呢?一想到这里,气就消了。"

发现自己有了负面情绪的时候,不要首先把责任推给别人,而必须学会反省,看看自己有哪些不妥的地方。只有自己不断"照镜子",才能更清晰地认识自己,认清自己的优缺点,让自己的潜能发挥得更为出色,更为淋漓尽致。

(1)当有负面情绪(生气、悲伤、郁闷、烦燥等不舒服的感受)时,你要能觉察到,然后告诉自己:"哦,这是负面情绪。"这时候,最重要的就是把注意力放在自己的内在,而不是那些引起你负面情绪的人和事物上。

(2)先观察一下你此刻的肢体动作是什么。把注意力放在自己的身体上面,可以让你不至于完全陷入自己的情绪冲突当中。

(3)接下来,试着去"看"自己在想什么,就是去观察自己的思想。如果你能够倾听内在那个喋喋不休的声音,你就是在观察自己的思想。这时候,请你带着理性和爱去观察它。它只是一个思想,不代表你,不要去批判它,只需看着它。

(4)你此刻有什么情绪?有些人连自己生气了都不知道。其实,观察情绪最简单的方法就是去观察自己的身体,因为情绪实质就是身体对思想的反应,只不过有的时候还没有觉察到思想,情绪就起来了。感觉自己身体哪里紧绷,胃部是否有不舒服的感觉,心脏是否紧绷或抽痛,身体是否颤抖,这些都是情绪在身上作用的结果。发现它,观察它,

允许它的存在,全然地去感受它,不要抗拒。你会发现,你的全然接纳会让它更快消失,甚至转化为喜悦。

当然,并不提倡将许多愁苦往内心的深处囤积,不是让你外表佯装坚强,内心却五味杂陈。其实,你可以找一个自己喜欢的方式悄然释放坏情绪。

一天,陆军部长斯坦顿来到林肯面前,气呼呼地对他讲,一位少将用侮辱性的话指责他偏袒一些人。林肯建议斯坦顿写一封内容尖刻的信回敬对方。

"可以狠狠地骂他一顿。"林肯说。

斯坦顿立刻写了一封措辞强烈的信,然后拿给林肯看。

"对了,对了。"林肯高声叫好,"要的就是这个!好好训他一顿,真写绝了,斯坦顿。"

但是当斯坦顿把信叠好装进信封里时,林肯却叫住了他,问道:"你干什么?"

"寄出去呀。"斯坦顿有些摸不着头脑。

"不要胡闹。"林肯大声说,"这封信不能发,快把它扔到炉子里去。凡是生气时写的信,我都是这么处理的。这封信写得好,写的时候你已经解了气,现在感觉好多了吧,那么就请你把它烧掉,再写第二封信吧。"

林肯的做法,是给自己安上了个"防火墙"。烦恼既然来了,坏事既然碰着了,就找一些方法去平衡一下心情的"酸碱值"吧!

(1)藏心事要顾及体内容量。

有人总是将委屈往肚里吞,却不知道要清除体内早就过时,或是已经不在乎的旧烦恼。有时候,新愁一上心头,旧恨也会跟着牵肠挂肚。越是收藏心事,就越会不快乐。

何不学习一下计算机系统清除垃圾档案的功能呢？气头上的烦恼稍稍炒作就可,褪了色之后,就让它们烟消云散吧！找一个心灵的资源回收桶,训练一下善于遗忘的本领,人生没必要让苦闷永远保鲜,只要记得伤心当下的凄美就可。至于心事,保存期限过后,就扔掉它。

(2)给坏情绪找一个出口。

给坏情绪找一个出口,一个不妨碍别人的出口,让它赶快溜走,而且走得越远越好。否则,愈积愈多,我们就会慢慢被它压垮。而它一旦占领我们全身,我们就会在不堪重负之下匆忙给它一个出口,一个方向对准我们亲人朋友的出口,结果是伤了别人自己也后悔不已,一点坏情绪污染了一批人的天空。

(3)我爱我自己。

爱是最伟大的力量,通过自我情绪的选择,我们知道选择不爱自己的空间就是选择了恐惧的空间、进攻性的空间、伤心的空间、愤怒的空间等;而选择爱自己的空间就等于拥有了信任的空间、理解的空间、尊重的空间、感恩的空间等。

在自我情绪管理中,"爱自己"是最有效的方式。通过"爱自己"的方式来改善自己的情绪,请参考以下建议:

①不要宣扬领导与同事之间的过节。

②相信每一个人都希望更好。

③对自己或别人的缺点不去强化。

④在生活中不要随便显露你的情绪。

⑤不要逢人便诉说你的困难与遭遇。

⑥不要一有机会就唠叨你的不满。

⑦永远不要去写自己的伤感日记。

⑧说话不要慌乱,走路要稳。

⑨做任何事情都要有条不紊。

⑩做任何事情都要用心,因为有人在关注你。

⑪不要用缺乏自信的词句。

⑫不要常常反悔,对已经决定的事不可轻易地推翻。

⑬每天做一件实事。

⑭事情不顺时,请深呼吸,重新寻找突破口。

⑮不要刻意地把朋友变成对手。

⑯对别人的过失、小错误不要斤斤计较。

⑰不要有权力的傲慢及知识的偏见。

⑱做不到的事情不要说,说了就要努力做到。

⑲不玩弄小聪明,因为它是向错误的过渡。

2.相信自己,不要强求每个人都理解你

事实上,由于年龄、性格、职业、知识结构、品德修养、生活经历等因素的影响,人和人之间有时是很难互相理解的。脆弱的人把许多精力放在了"求理解"上,到处自我表白、自我宣扬,把别人不理解自己当作最大的痛苦。

如果你过分希望得到理解,得到他人的赞成或默许,当你未能如愿以偿时,便会十分沮丧。这正是自我挫败的因素之所在。

同样,当寻求理解成为一种需要时,你就会产生惰性。这是将自我价值置于别人控制之下,由他人随意抬高或贬低,只有当他们决定"施舍"给你一定的理解之辞时,你才会感到高兴。

其实,得到理解最为有效的办法恰恰是不去渴望、不去追求,不要求每个人都理解你。只要你相信自己,并且以积极的自我形象为指南,你便可以得到许多的理解。

当然,一个人不可能事事都能得到别人的理解和赞许,但是如果

你认识到自己的价值,在得不到理解和赞许时便不会感到沮丧。你可以把反对意见视为一种自然现实,因为生活在这个世界上的每一个人对世事都有自己的看法。

大千世界,纷繁人生,谁都可能误会他人,谁都可能被他人误会。

误会即指别人对你的看法与你的实际情况不符,是无意之中产生的认识上的错觉。形成的原因有两个方面:一是自身的言行不够谨慎,言谈行事有欠周到、欠细致、欠精明之处,致使他人不能准确地领会你的意图;二是对方的主观臆测,由于每个人不同的经历、学识、价值观、气质、心境等因素的影响,对同一件事、同一句话,不同的人会有不同的理解。

误会会给我们带来痛苦、烦恼、难堪,甚至产生始料不及的悲剧。所以,陷入误会的圈子后,必须调整自己,采取有效的方式予以解除,使自己与他人都尽快地轻松、舒畅起来。

(1)消除自我委屈情绪。

出现误会后,有委屈情绪的人,必定不愿开口向对方作解释。这种心理障碍会妨碍彼此间的交流。此时,多替对方着想,无论他是气量小也好,心眼窄也好,不了解真相也好,不理解你的一番苦心也好,都不必去计较,只要你真诚地向他表明心迹,误会便会消除。比如,你同朋友争论一个问题,当时有许多人在场。你本无意压他一头,让他当众出丑,但当时不能自制,说了许多过头的话,伤了他的自尊,使他误以为你为出风头,给他难堪,使他下不了台。事后,你应真诚地向他道歉,而不要怪罪对方小心眼,从而断绝来往。否则,你们就会因一次争论而导致关系破裂,由朋友而变成冤家了。

(2)查清原因方可化解怨恨。

产生误会后,一方怒气冲冲,充满了怨恨、敌视;一方满腹狐疑,委屈压抑。于是,双方隔阂越来越深,而且一谈即崩。此时,你需要冷静,必须搞清楚对方的误解源于何处。否则很难解释清楚,甚至会越描越黑,弄巧成拙。

(3)书信可传情。

面对一封信要比面对当事人容易得多,当面难以启齿的话题在信上却能坦然地表达出来。但要注意,写信时措辞一定要简短、亲切、明了,切勿啰啰嗦嗦,令人生厌,语气需真挚、诚恳,要充分表达自己愿意消除误会、重新和好的急切心情,表达自己至今仍铭记以往的友情,以及对对方的信赖和尊敬。

(4)行动是最好的证明。

用实际行动来解释,这样最有效果。发生了误会,很多人往往对天发誓,向对方表白自己,但这样做,效果往往不佳,于是就陷入了沮丧、烦恼甚至愤怒之中。再遇到这样的事,能解释就解释,解释不清,就用行动来说明问题。

(5)战胜自己的懦弱,当面说清。

误会的类型千奇百怪、多种多样,但最简捷、最方便的解决方法便是当面说清,大多数人也都欢迎这种方法。有人由于懦弱,不敢当面说清,结果把问题搞得极为复杂。记住,如果有的误会需要亲自向对方说明,你一定不要找各种借口推脱,一定要克服困难,战胜自己,想方设法当面说明,不要轻信第三者的只言片语。

(6)不可放过好时机。

解释缘由,消除误会,必须选准好时机。一定要考虑到对方的心境、情绪等感情因素,大多可选择提干、长工资、定职称或参加婚宴等喜庆日子。此时,对方心情愉快、神经放松,胸怀也较为宽广。抓住这个时机表白,往往能得到对方的谅解,与之重归于好。

(7)越拖越被动。

有人被误会搞得焦头烂额,总觉得心中有难处,不好启齿,结果碍于情面,时间越拖越长,误会越陷越深,到最后造成了令人极为苦恼的结果。所以,有了误会要迅速解释清楚,时间越长越被动。

(8)请领导、同事帮忙。

人与人之间的误会常常是在工作中产生的,双方的误解涉及许多因素。个人解决可能会受到限制,故请他人帮忙,有时也不失为一种明智之举。

(9)重新聚会。

你觉得区区小误会,没必要兴师动众、大费口舌,也不便于直说,但双方在心理上又都觉得不愉快,有了生疏感。此时,你可邀请对方故地重游,或聚会畅谈。在和谐、友好的气氛中,彼此心理上的距离会缩短,以往的不快便会慢慢地消失。

延伸阅读:培养积极心态箴言

没有积极心态就无法成就大事,培养积极的心态,可以让我们的生活尽可能按照自己的想法发展。所以,每一个人都要练习控制心态,力求拥有积极向上的心态。

下面这些方法值得我们借鉴。

1.切断和我们过去失败经验有关的所有联系,清除脑海中那些与积极心态背道而驰的所有不良因素。

2.找出我们一生中最希望得到的东西,并立即着手去得到它。

3.确定我们需要的资源之后,制订如何得到这些资源的计划,但所订的计划不要太满,也不要不足。别认为自己要求得太少,记住,贪婪是失败的最主要因素。

4.每天说或做一些使他人感到舒服的话或事。我们可以利用电话、明信片,或一些简单的善意动作达到此目的。例如,给他人一本励

志的书,此举可为他带来一些使他的生命充满奇迹的东西。日行一善,可永远保持无忧无虑的心情。

5.要知道:打倒我们的不是挫折,而是我们面对挫折时所持的心态。训练自己在每一次不如意的处境中都能发现与挫折等值的积极方面。

6.养成精益求精的习惯。如果能使这种习惯变成一种嗜好,那是最好不过的了。记住:懒散的心态很快就会变成消极的心态。

7.当我们找不到解决问题的答案时,不妨先帮助他人解决问题,并从中寻找我们所需要的答案。在我们帮助别人解决问题的同时,我们也正在洞察解决自己问题的方法。

8.彻底"盘点"一次我们的财产,我们会发现自己所拥有的最有价值的财产就是健全的思想。有了它,我们可以决定自己的命运。

9.和我们曾经冒犯过的人联络,并向他致以最诚挚的歉意。这项任务越困难,我们就越能在完成道歉时,摆脱内心的消极心态。

10.我们在这个世界上到底能占有多少空间,与我们为他人利益所提供服务的质与量,以及提供服务时所产生的心态成正比。

11.改掉我们的坏习惯,连续一个月每天减少一项恶习,并在一周结束时反省一下成果。

12.要知道,自怜是独立精神的毁灭者。我们自己才是唯一可以随时依靠的人。

13.把过往发生在我们身上的事件都看做是激励我们上进而发生的事,即使是最悲伤的经验,那也是我们无形的精神财富。

14.放弃想控制别人的念头,把精力转为控制我们自己。

15.集中精力做我们想做的事,不要留半点思维空间给那些胡思乱想的念头。

16.向每天的生活索取合理的回报,而不要光等着回报跑到我们的手中。我们会因为得到许多我们所希望的东西而感到惊讶——虽然

我们可能一直都没有察觉到。

17.以适合我们生理和心理的方式生活,别浪费时间。

18.要知道人的力量并非全部来自物质。

19.生理上的疾病很容易造成心理的失调,所以你的身体要和你的思想一样保持活动,以维持积极的行动。

20.培养自己的耐性,并以开阔的心胸包容所有事物,学习接纳他人,不要一味地要求他人照着自己的意思行事。

21.爱是生理和心理疾病的最佳药物,爱会改变并且调适我们体内的化学元素,帮助我们表现出积极的心态,爱也会扩展我们的包容力。接受爱的最好方法就是付出我们自己的爱。

22.回报给予我们好处的人。

23.记住,当我们付出之后,必然会得到更多有价值的东西。抱着这种信念,可帮我们驱除对年老的恐惧。

24.要相信,我们可以为所有的问题找到适当的解决方法,但也要注意,我们所找到的解决方法未必都是我们想要的。

25.参考别人的例子提醒自己,任何不利情况都是可以克服的。虽然爱迪生只接受过3个月的正规教育,但他却是最伟大的发明家;虽然海伦·凯勒失去了视觉、听觉和说话能力,但她却鼓舞了无数人。明确目标的力量必然胜过任何限制。

26.对于善意的批评应采取接受的态度,而不应有消极的反应。利用这种机会做一番反省,并找出应该改善的地方。不要害怕批评,我们应勇敢地面对它。

27.搞清楚愿望、希望、欲望,以及强烈欲望与达到目标之间的差别。只有强烈的欲望会给我们动力,而且只有积极心态才能供给产生动力所需的燃料。

28.避免任何具有负面意义的说话方式,尤其应根除吹毛求疵、闲言闲语或中伤他人名誉的行为,这些行为会使我们的思想向消

极面发展。

29.随时随地表现出真实的自己,没有人会相信骗子。

30.相信智慧的力量,它会使我们产生为掌握思想和引导思想而奋斗所需要的所有力量。

第二章

放平心态，所有的欲壑就不是那么难填了

佛家认为，在人们的内心深处，或多或少都会有一些贪婪的影子。这些影子就像是一个个火种，如果不加以控制，它们很可能会以燎原之势蔓延开来，最终将人们焚毁。

如何抵御这种贪念呢？延参法师提出："生活本来就应该知足常乐，何必苦苦追求自己能力以外的东西呢？也许有追求、有远大的目标是一种生活的动力，但如果超过了自己能力所及的限度，那会让我们活得很累很苦。"

人生苦短，把心放平一点儿，就不会欲壑难填；知足常乐，你会发现生活是如此美好。

为什么我们成了欲望的奴隶

在一个物欲横流的社会里,人心往往会变得越来越浮躁。不知从何时起,我们被各种各样的欲望所征服,成了欲望的奴隶。我们做一切事情的目的,似乎都是为了满足自己的欲望。我们的人际关系被欲望化了,消费观被欲望化了,生活也被欲望化了……我们掉进了一个欲望的怪圈,不说自己"利欲熏心",却美其名曰"成就现实"。

1.欲望的来源之一——虚荣的陷阱

许多文学巨匠都曾写过爱慕虚荣的人,法国作家莫泊桑的《项链》可算其中最突出也最典型的小说了。故事向我们讲述了一个小公务员的妻子,接受了教育部长举办的舞会的邀请。主人公由于爱慕虚荣,向好友借了一条项链,并在这次舞会上出尽了风头,但回家后却发现项链丢了。为赔偿好友的项链,她和丈夫借了一大笔钱,辛苦工作了10年才把债务还清。10年后的一天,主人公重遇那位好友,才得知自己当年丢失的那条项链只不过是一件赝品。

命运同主人公开了一个天大的玩笑,她和丈夫的十年艰辛,竟然是为了一件赝品、一个笑话!她应该是惊讶,还是茫然?10年,人的一生能有几个10年?如果说命运对她的不公,就是虚荣对她的惩罚,那么,她也应该觉悟,这完全是她一手"创造"的结果。

有一只猫,非常高傲,以为自己很了不起,什么都知道,从来都不把别的猫放在眼里。为此,当它犯了错时,为了保持高傲的形象,它就会对自己的过错百般掩饰,生怕丢了面子。

有一次,这只高傲的猫几天都没有抓到老鼠了,肚子饿得咕咕直叫。当它发现了一只老鼠,它立马不顾一切地冲上前去,拼命地去追。这时,它的一个伙伴正蹲在一家窗户前看着它,高傲的猫一见,赶紧调整自己疲于奔命的样子,使自己跑的姿势尽量显得优雅从容。可是这样速度就慢了,老鼠也趁机溜走了。猫又担心别的猫笑话它捕鼠能力太低,就解释说:"它太瘦了,等养肥了再捉。"

还有一次,它到河边去捉鱼,不小心被鱼尾巴打了两下,溅了它满脸的水。当它慌忙地擦脸上的水时,鱼却跑掉了。为了自己的面子,它向同伴们解释道:"你们以为我捉不住它吗?其实我只是想利用它的尾巴来洗洗脸罢了!"说完就和同伴们往回走。它边走边吹牛,高傲地抬着头,突然一不小心掉进了路边的泥沟里。同伴们一看,都急着要拉它上来。它为了维护自己的"形象",就说道:"不用拉,不用拉,是我自己跳进来的。我身上的小虫多,用这种方法治治它们是最好不过的了!"

又有一天,它和伙伴们在河边玩耍,有一个伙伴说道:"那只大花猫可牛了,它会游泳呢!"高傲的猫一听,非常不服气,说道:"那有什么呀,我也会!"同伴们都摇头不信。为了证明自己,它一下子跳进了水中。伙伴们以为它说的是真的,都看着它,可是不一会儿,它就沉入了水中。它在水底被憋得喘不过气来,只能拼命地挣扎。此时此刻,它想呼喊同伴救助自己,可是嘴一张就是一口水,呛得它上气不接下气。过了一会儿,它就什么也不知道了……

这个故事告诉我们,虚荣心就像一块疮,如果在刚长出来的时候,就赶紧去治,很快便会治愈;相反,若是怕被人看见,把它盖起来,只会

使病情更加恶化。

克服虚荣必须分清自尊心和虚荣心的界限,正确认识自己的优点缺点;做一个诚实的人,培养自己的求实品质。

有些人非常希望得到别人的尊重与欣赏,却往往不能如愿以偿,一个重要的原因是他们陷入了虚荣的误区。

虚荣心是一种表面上追求荣耀、光彩的心理。虚荣心重的人,常常将名利作为支配自己行动的内在动力,很在乎他人对自己的评价。一旦他人有一点否定自己的意思,他便会认为自己失去了所谓的自尊而受不了。

虚荣心是对荣誉的一种过分追求,是道德责任感在个人心理上的一种畸形反映,是一种不良的心理品质,其本质是利己主义的情感反映。

每个人多多少少都有点爱慕虚荣,男人大多追求名誉、地位、款子、车子等,女人更多地追求衣着、容貌、老公、房子。尤其当今社会经济发展突飞猛进,人们的需求已不仅仅是为了生存,为了解决温饱,因此也无法像老子在《道德经》中所言:"难得之货,令人行妨。是以圣人为腹而不为目,故去彼取此。"因为每个人都不喜欢自己在任何方面比别人低一等,在道德与法律之内的一定限度的虚荣心是可以理解的,可是过分追求,结果会是轻则道德沦丧,重则走向罪恶的深渊。

过分虚荣的人,总是从某种个人动机出发,追求一种暂时的、表面的、虚假的效果,甚至弄虚作假、欺诈骗取,完全失去了从行为的社会价值来评价自己行为的能力,其目的仅仅是为了取得荣誉和引起普遍注意,得到周围人的赞赏和羡慕。

在《权子·顾惜》中,耿定向谈到了一个《孔雀爱尾》的故事:有一只雄孔雀,它的长尾闪耀着金黄和青翠的颜色,任何画家都难以描

绘。但它生性善妒,看见穿着华美的人就会追啄他们。孔雀很爱惜自己的尾巴,在山野栖息的时候,总要先选择好搁置尾巴的地方,然后才安身。一天下雨,雨水打湿了它的尾巴,捕鸟人即将到来,可是它还是珍惜地回顾自己美丽的长尾,不肯飞走,最后终于被捉住了。故事隐喻了一些人为了没有意义的美好理想,不惜牺牲了自己的生命和自由。

如果把对毫无价值的东西的追求发展为美好的愿望,虚荣心就表现为可悲的甚至不道德的社会情感,常常使人做出没有理智的不成熟的行为。

当今一种普遍存在的虚荣是指对名的变态追求,它会使社会形成不务实的浮夸之风,使个人丧失生活的基础,从而陷入勾心斗角之中,因为一个人的虚荣心和另一个人的虚荣心是不能共存的,结果只会互相伤害。

实际上,虚荣心很强的人,其深层心理是心虚。表面的虚荣与内心深处的心虚总是在斗争着。因此,有虚荣心的人至少受到来自两个方面的心灵折磨,一是没有达到目的之前,为自己不如意的现状所折磨;二是达到目的之后,为唯恐自己的真相露馅的恐惧所折磨。因此,虚荣者的心灵总是痛苦的,是没有幸福可言的。

虚荣心是可以通过自我调适来克服的,请参考下列建议调整自己:

(1)正确理解权力、地位、荣誉的内涵和人格自尊的真实意义,端正自己的价值观与人生观,努力追求真善美。

(2)本着清醒的头脑,面对现实,实事求是,从自己的实际出发处理问题,摆脱从众的心理困境,克服盲目攀比心理。

(3)过分追求荣誉,显示自己,会使自己的人格扭曲。崇尚高尚的人格可以使虚荣心没有机会抬头。同时还要正确看待失败与挫折,从

失败中总结经验,从挫折中悟出真谛,树立正确的荣辱观,珍惜自己的人格。

(4)学习良好的社会榜样。从名人传记、名人名言中,从现实生活中,以那些脚踏实地、不徒虚名、努力进取的革命领袖、英雄人物、社会名流、学术专家为榜样,努力完善人格,做一个实事求是、不自以为是的人。

(5)对不良的虚荣行为进行自我心理纠偏。如果个人已出现自夸、说谎、嫉妒等病态行为,可以采用心理训练的方法进行自我纠偏。这种方法源于条件反射的负强化原理,即当病态行为即将或已出现时,个体给自己施以一定的自我惩罚,以求警示与干预,久而久之,虚荣行为就会逐渐消退。但这种方法需要超人的毅力与坚定的信念才能收效。

TIPS:测测你的虚荣心有多强?

每个人都有虚荣心,但是虚荣心也是有度的。下面就来测试一下你的虚荣度吧!

1.上公交车掉了10元钱,你会下车去捡回来。

是——5题　　否——2题

2.在外面吃饭常常剩下很多。

是——3题　　否——7题

3.买礼物送人时,你不会挑实质性的,会挑好看的。

是——4题　　否——7题

4.不管是衣服还是小东西,你都会挑名牌的买。

是——8题　　否——11题

5.笑的时候喜欢张大嘴笑。

是——6题　　否——7题

6.朋友如果没有事先告知而突然来访,你会很生气。

是——7题　　否——9题

7.买不起的东西,就算是分期付款也要买。

是——4题　　否——8题

8.多次因受不了店员推荐而买下商品,回家后却后悔。

是——11题　　否——9题

9.爱算命,但是不喜欢在算命的地方被朋友看见。

是——11题　　否——13题

10.身上只带了3000元,朋友找你借5000元时,你会说忘记带钱包而不是钱不够。

是——15题　　否——13题

11.参加宴会时,你发现别人穿的衣服比你的还时髦时,你会早早回家。

是——15题　　否——10题

12.对于第一次见面的人,你会对他(她)的学历和职位产生好奇。

是——16题　　否——15题

13.很少出国旅行,一旦出国必定住一流的宾馆。

是——B型　　否——A型

14.你非常向往金童玉女且舒适而又多金的婚姻。

是——C型　　否——B型

15.你很在意别人的眼光和评语。

是——16题　　否——14题

16.买东西时,即使是小钱,你也会叫店主找零。

是——D型　　否——C型

A——虚荣强度10%

不管周遭现在流行什么,你都不太在意,你甚至觉得那些人比来比去是件很无聊的事。你认为自己的心情最重要,没有必要去管别人怎么想。你相当有自信,似乎没什么能打动或干扰你的心情。但要小心,过于冷漠会让爱你的人着急哦!

B——虚荣强度40%

你是一个虚荣心不怎么强的人,但你偶尔也会去买一些昂贵的东西。当然,那必须在你的经济许可范围之内,你认为有必要才会去买它。不过,有时候也是为了不想扫对方的兴,才会去迎合别人、配合别人,做一些令自己不开心的事情。建议你去找一些和自己趣味相投的人。

C——虚荣强度70%

你除了虚荣心强,自尊心也很强。你是一个不愿意认输的人。你非常在意周围的人怎么看你,因此总是装着一副光鲜亮丽、幸福满足的样子。老是爱跟别人比,难道你不觉得累吗?其实,你可以做一个朴素点、真实点的人,好强的心理造成了你偏执的个性。有时不妨放松一点,做你自己才是最明智的人生选择。

D——虚荣强度90%

你是个爱慕虚荣的人,你的谈吐行为无不一清楚表现出虚荣的气息。也许你自己不觉得,但你常常为了夸耀自己而把自己捧得高高在上,不惜说出一大堆谎言来欺骗别人。但是,牛皮也有吹破的一天,到时你会很惨,没有人会再相信你。

2.欲望的来源之二——嫉妒的妖魔

人与人各有差别,从外貌、性格到能力、地位等都不尽相同。于是,在比较之中,嫉妒也就产生了。

《心理学大辞典》中说:"嫉妒是与他人比较,发现自己在才能、名誉、地位或境遇等方面不如别人而产生的一种由羞愧、愤怒、怨恨等组成的复杂的情绪状态。"

嫉妒的危害是不可小视的,它能摧毁人的自信、快乐以及幸福的感觉,让人在烦恼、焦虑、抑郁中尝尽痛苦。所以,莎士比亚说:"您要留心嫉妒啊,那是一个绿眼的妖魔!"

一天,鸟儿子和鸟爸爸站在一棵树上聊天,一起探讨关于幸福的话题。

鸟儿子问鸟爸爸:"人幸福吗?"

鸟爸爸回答:"人没有咱们幸福。"

鸟儿子接着问:"人类吃得好,穿得好,住得也好,为什么还没有咱们幸福呢?"

鸟爸爸回答:"因为人的心里扎了根刺,这根刺无时无刻不在折磨着他们。"

鸟儿子很惊讶地问道:"心里扎了一根刺?"

鸟爸爸回答:"这根刺就是嫉妒。"

嫉妒如卡在人内心的一根刺,控制不住,就会妒火燃烧,做出错误的事情。每当看到别人比自己出色时,自己就会眼红,强烈地希望自己能很快超过他。但芸芸众生中,总会有技不如人的时候,于是就产生了嫉妒的心理,仇视比自己强的人,给自己的生活平添了许多烦恼和纷扰。

孙丽是某大学社会学专业大三的学生,她是以优异的成绩考上这所名牌大学的。刚上大学时,她与班上的同学关系非常融洽,大家都很喜欢朴实、热情的她。

可慢慢地，她产生了严重的心理不平衡。只要别的同学哪方面比她强，她就会眼红；只要老师表扬别的同学，她心里就酸溜溜的；看见别的同学家境好，过着富裕的生活，她心里就特别不平衡；看见别的同学被评为"三好学生"，她就嫉妒得夜里辗转反侧。

尤其让孙丽看不惯的是与她来自同一高中的老乡同学。原本两个人各方面都差不多，可上了大学后，老乡同学的成绩越来越好，还当了班干部，这实在令她无法接受。于是，她开始到处给那位老乡同学散布流言飞语，造谣中伤。渐渐地，大家都疏远了她。她为了争口气，把老乡比下去，竟然在班干部选举中做小动作、拉选票，结果却只有自己投的一票，搞得自己十分狼狈。一计不成，她又生一计，在期末考试中，为了拿到高分，她夹带纸条作弊，结果被监考老师当场抓到。孙丽痛哭流涕地求监考老师手下留情，可是学校的制度是无情的。当天，学校教务处就作出了开除其学籍的处分决定。

孙丽没想到自己的大学生活会以被开除告终。她觉得无颜面对父母，于是去了另外一个陌生的城市……

如果孙丽不是放任自己嫉妒她人，而是把精力放在学习上，她也会像她那位老乡同学一样有巨大的进步，成为令人羡慕的榜样。可是她却选择了一条错误的道路，与其说是别人的成功妨碍了她，倒不如说是她自己的关注点发生了偏差，自愿从生活的轨道上脱离而自毁前程。

人的欲望，一方面是人类本身的需要，然而社会发展到现在，这方面的原因所占比例已日渐缩小；另一个重要的原因就是嫉妒。因为嫉妒心理在作怪，他们总觉得别人处处比自己强：嫉妒别人买了面积大的房子、开上了高档时尚的轿车，嫉妒别人的孩子学习出类拔萃、别人的伴侣貌美帅气，嫉妒别人的职业好、挣钱多……

嫉妒心理是一种消极的、不健康的情绪，产生嫉妒心理的原因至

少有两个方面:一是不能接受别人比自己强的现实;二是权力欲、支配欲、占有欲强。

从某种意义上说,嫉妒是万恶之源,是人性的弱点。嫉妒几乎是人所共有的一种本能,但它又极不光彩,人人都要把它当做不可告人的东西隐藏起来。结果,它便转入了潜意识中,犹如一团暗火灼烫着嫉妒者的心。

说到底,嫉妒其实是一个人自信心或能力缺乏的表现。

黑格尔说:"嫉妒乃平庸的情调对于卓越才能的反感。"嫉妒发生的根源往往是人们通过与他人比较来确定自身价值。当看到别人的价值增加时,便会觉得自己的价值在下降,从而产生痛苦的体验。尤其是当比较对象原来与自己不分上下甚至不如自己时,更觉得难以忍受。

嫉妒很容易转化为对所比较对象的不满和怨恨,进而产生种种嫉妒行为,要么寻找对方的不足将其贬低,要么散布无根据的谣言诋毁对方,甚至采取极端手段毁物伤人。有的人即使能控制自己不表现出过激行为,但出于防御心理的需要,常在对方面前表现出一种傲慢的、难以接近的面孔,用以维护自己的"自尊",其实内心非常自卑。

一个小伙子,他家境不怎么好,自己毕业的院校又不怎么样,毕业后,一直找不到理想的工作。他心中一直有个梦想,就是拥有一套海景房,把一辈子面朝黄土背朝天的农民父母接过来好好享享福。

可是,当他开始工作打拼后,才发觉自己的薪水上涨幅度永远赶不上物价的涨幅,如果光靠死工资,估计10年也买不了一套普通住宅,更别说海景房了。

于是,他绞尽脑汁思虑方法。在此期间,他也努力地打工赚钱,也曾在别人休息娱乐时奔波在致富的路上。可是,这一切带给他生活的

改变小之又小。就在他郁闷困惑时,身边的人却不知不觉富裕了起来。他们看起来没有自己勤奋,却能靠着优越的家境过奢侈的生活;他们看起来没有自己能干,却总在步步高升;他们什么都不缺,却总能轻易得到自己如何努力都得不到的东西。

这一切搅得这个小伙子心神不宁,他内心那极力想通过努力保持平衡的天平越来越不平衡了。

"凭什么他们就要比自己过得好?"

"凭什么我不能拥有,他们却能拥有?"

"凭什么好事都是他们的?"

……

嫉妒之火炙烤着他的心,让他变得越来越不可理喻。他再也不会有风度地祝贺别人的得到,反而总是冷嘲热讽,或者冷眼以待,那神情俨然全世界都欠他的。

这样的态度,让越来越多的人讨厌他、看不起他、排斥他。而他把这一切又归结于自己的一无所有上。

后来,他得知一位富翁急需一颗健康鲜活的肾,提供者可以得到300万的报酬。他心动了,为了300万,他出卖了自己的健康。

然而,海景房的美景并没有让他快活,反而湿冷的天气让他的健康每况愈下,他的右手总是护在他另一颗肾所在的地方,唯恐一不小心那颗肾也丢了一般。

嫉妒的人总是容不下别人。德国有一句谚语:"好嫉妒的人会因为邻居的身体发福而越发憔悴。"所以,好嫉妒的人总是40岁的脸上就写满了50岁的沧桑,会因为生活中到处都是"敌人",而觉得世界末日即将到来。

嫉妒是心灵的枷锁,会将一个人牢牢拴住。人们不但得不到任何好处,反而会因此跌进痛苦的世界中走不出来。正如巴尔扎克所说:

"嫉妒者受到的痛苦比任何人遭受的痛苦更大，他自己的不幸和别人的幸福都使他痛苦万分。嫉妒心强的人，往往以恨人开始，以害己而告终。"

《三国演义》中，有位英才盖世、文武双全的大英雄叫周瑜。这位当时很了不起的风度翩翩的美男子，年纪轻轻就执掌了江东(吴国)的统兵大都督要职。他在赤壁大战中，更是显出了叱咤风云、谋略过人、指挥得当的政治军事才能。他以少量的东吴和刘备之师，取得了大破曹操83万大军的辉煌胜利，在历史上留下了赫赫声名。据说，此人不仅能征善战，文韬武略堪称上乘，是位难得的英俊奇才。此外，周瑜还熟谙音律。有传闻说他听音乐演奏时，若谁奏错一个音符，他便即刻能耳辨明详。为此，有"曲有误，周郎顾"之说。当后人对周瑜其人进行褒奖盛赞之际，人们同时也看到了这位英年早逝者的致命弱点，那就是他爱嫉妒。

周瑜为人心胸狭窄，人人皆知。在取得了赤壁大战的成功后，他竟容不下与他共同抗曹的诸葛亮的存在，并密令部将丁奉、徐盛击杀诸葛亮。不料诸葛亮早有准备，密杀不成。为此，周瑜万分气愤。如此不能容人的周瑜，密除同盟，过河拆桥，实在让人心寒并为之深感可悲。

周瑜为什么容不下诸葛亮？原来，足智多谋的诸葛亮处处高周瑜一招，尤其在关键时刻，事事想在周瑜之前，且能将周瑜内心活动看得入骨三分。正因如此，才使得量窄、嫉才的周瑜寝食难安，随时想除掉才智高于自己的诸葛亮。而诸葛亮又总在周瑜要谋害自己前就有所防备，这更使周瑜一次比一次气憋于心。嫉才的结果，反把周瑜自己给活活"气死"了。

有道是："人之将死，其言也善。"可周瑜在临死之前，非但未能悔悟自己的致命弱点，反而仰天长叹，含恨曰："既生瑜，何生亮？"连叫数

声而亡。一代英雄就这样自掘坟墓,害人终害己。

　　莎士比亚曾经说过:"像空气一样轻的小事,对于一个嫉妒的人,也会变成天书一样坚强的确证。也许这就可以引起一场是非。"

　　一旦我们被嫉妒的毒蛇缠上,生活中就会有越来越多的事引起我们的不平和愤恨:

　　别人的衣着比自己的光鲜,我们会愤愤不平;

　　别人比自己多和上司说了一句话,我们会郁闷一整天;

　　别人的男朋友比自己的帅,我们会恼怒不止;

　　……

　　我们会因为无法容忍日常生活中每一件事,而时时刻刻心情烦躁,终日饱受嫉妒的折磨,最后被它灼伤。

TIPS:测试下你的嫉妒心有多强

　　面对一张白纸,请拿起一支笔,画一幅画,按照下列要求测试一下自己的嫉妒心理吧。

　　1.首先选择一下图画纸的背景:

　　A.视野开阔的原野

　　B.繁华拥挤的都市

　　C.神秘莫测的森林

　　D.驰名中外的景区

　　2.画上一幢你自己想象的、被称作"家"的房子,你可以选择:

　　A.宽敞气派的俄式别墅

　　B.实用现代的欧式公寓

C.简洁干净的日式住宅

D.古雅浪漫的中式庭院

3.接下来,在房子的周围画上公共设施:

A.街心花园

B.超级市场

C.中小学校

D.高级商场

4.你希望画中有几个人?

A.1个(自己)

B.2个

C.没有

D.很多(2个以上)

5.应该有一辆交通工具供你出行,你希望画上的车子是:

A.黑色奔驰

B.金色林肯

C.红色法拉利

D.银色劳斯莱斯

6.花儿是画面必不可少的装饰,你喜欢:

A.灿烂的樱花

B.高贵的郁金香

C.淡雅的桃李

D.多情的玫瑰

7.有一条路是通往外面世界的必经之路,你会将它画在哪里?

A.不管通向哪里,反正都在自己车轮之下

B.这条路连接着"家"和公共设施

C.这条路在画中人的脚下

D.被花儿和树木掩映

8.你可以在画上留下签名,你会选择:

A.画的左上角

B.画的右上角

C.画的左下角

D.画的右下角

评分标准:

第1、5题为A.0分;B.1分;C.2分;D.3分;

第2、7题为A.3分;B.0分;C.1分;D.2分;

第3、6题为A.1分;B.2分;C.0分;D.3分;

第4、8题为A.3分;B.1分;C.2分;D.0分。

分析:

得分在0~3分者,恭喜你不知嫉妒为何物;

得分在4~15分者,有较为普遍而正常的嫉妒情绪;

得分在16~21分者,嫉妒心理需要适当调节;

得分在22~24分者,嫉妒程度爆棚!

走出欲望的陷阱——把心放平和

要走出欲望的陷阱,就需要我们把心放平。首先要认识到欲望人人都有,我们不需要强迫自己做到无欲无求,那样既不现实,也不利于个人和社会的发展。但我们不应当助长贪欲,贪欲会让你的眼里、心里都填满了你没有得到的东西,让你对那些你所拥有的东西视而不见、不加珍惜,使你在烦闷和疲惫中度过一生。

说到底,我们要学会克制欲望,防止其蔓延。如果说欲望是野兽,

我们应该将它囚禁在笼子里,以免让它出来害人害己;如果说欲望是河流,我们应该加固它的堤坝,以免其泛滥。

1.不要完全摒弃欲望,但要学会克制自己的欲望

欲望就像是一条锁链,一个牵着一个,永远都不能满足。

在一个美丽的海滩上,有一位不知从哪儿来的老翁,每天坐在固定的一块礁石上垂钓。无论运气怎样、钓多钓少,两小时的时间一到,他便会收起钓具,扬长而去。

老人的古怪行为引起了一位后生的好奇。一次,这位小伙子忍不住问:"当您运气好的时候,为什么不一鼓作气钓上一天?这样一来,就可以满载而归了!"

"钓更多的鱼用来干什么?"老者平淡地反问。

"可以卖钱呀!"小伙子觉得老者傻得可爱。

"得了钱用来干什么?"老者仍平淡地问。

"你可以买一张网,捕更多的鱼,卖更多的钱。"小伙子迫不及待地说。

"卖更多的钱又能干什么?"老者还是那副无所谓的神态。

"买一条渔船,出海去,捕更多的鱼,再赚更多的钱。"小伙子继续回答。

"赚了钱再干什么?"老者仍是一副无所谓的样子。

"组织一支船队,赚更多的钱。"小伙子心里直笑老者的愚钝不化。

"赚了更多的钱再干什么?"老者已准备收竿了。

"开一家远洋公司,不光能捕鱼,还能运货,浩浩荡荡地出入世界各大港口,赚更多更多的钱。"小伙子眉飞色舞地描述道。

"赚更多更多的钱还干什么?"老者的口吻已经明显带着嘲弄的意味。

小伙子被这位老者激怒了,没想到自己反倒成了被问者。"您不赚钱又干什么?"他反击道。

老人笑了:"我每天只钓两小时的鱼,其余的时间,我可以看看朝霞,欣赏落日,种种花草、蔬菜,会会亲戚朋友,优哉游哉,更多的钱对于我何用?"说话间,已打点好了行装,准备离开。

我们一点点地被欲望征服,费尽心思地做一切事情去满足自己的欲望,但是欲望非但没有被满足,反而越来越多。它就像是一束火苗,越烧越旺,而我们做的所有事情在它面前都显得微不足道。欲壑难填,火势蔓延,即使我们在别人眼中已是一个成功的"将领",但在欲望面前,我们仍旧是微不足道的"小兵"。于是心中充满了挫败感,我们的世界也会变得一片灰暗。

从前有一个老实勤劳的渔夫,他在海边有一个小木屋,小木屋里住着他那好吃懒做的妻子。有一天,渔夫打到了一条金鱼。金鱼向渔夫求情,说只要放了它,它就会满足渔夫的任何愿望。老实的渔夫压根就没想从金鱼身上得到什么,因此无条件地将金鱼放了。

渔夫的妻子听到后大发雷霆,直骂渔夫太傻。她强迫渔夫去找金鱼,要求金鱼给他们一栋大大的房子。渔夫被逼无奈,只得去找金鱼,金鱼很爽快地答应了。渔夫回到家时,发现他们原来的那个小木屋不见了,取而代之的是一栋宽敞明亮的大房子。渔夫的妻子很高兴,但高兴了几天之后,她就对这栋房子厌倦了。她想要住进皇宫,想要拥有数不尽的金银财宝,于是她再次让渔夫去求金鱼。之后,她三番五次地打发渔夫去向金鱼索要东西,最后被欲望冲昏了头脑,居然要金鱼做她的仆人。金鱼愤怒了,收回了所有的东西。欲望使渔夫的妻子最终仍旧

一无所有。

在现实世界里,欲望之火不断蔓延,最终将人推向毁灭的例子也比比皆是,其中最具代表性的例子就是大贪官和珅。

和珅的家庭并不富裕,但他受过较好的教育,十来岁时被选入成安宫官学,接受儒学经典和满、汉、蒙古文字教育。他天资聪颖、勤奋努力、成绩突出,在官场上平步青云,最后还成了乾隆身边的"红人"。身居高位的他利令智昏,贪污成性,他一人曾担任清朝数十个重要官职,他的家产是当时清朝十五年收入的总和。乾隆死后,和珅被嘉庆皇帝下旨抄家,史称"和珅跌倒,嘉庆吃饱"。和珅最后还是被自己的贪婪给毁灭了。

欲望人人有,但聪明的人懂得克制自己的欲望。

克制欲望,指的是要舍弃那些不必要的欲望,避免自己被那些沉重的欲望所压垮。但是克制欲望并不是说要彻底摒弃欲望。正常的欲望是促使人不断发展,促使社会不断进步的原始能量。我们应该保留那些正常的欲望和目标,它们可以促使人不断追求,不断奋斗。

2.学会知足常乐,懂得及时"修剪"欲望

一位生活富足的男子,却时常感觉不开心。某日,他来到一座寺庙,向大师敞开心扉:"大师,我怎样才能减少自己的欲望?每当我得到一件东西,我就会想要更多,可得到的越多,我就越焦虑,甚至时时为得到一个东西而寝食难安,我该怎么办?"

大师笑笑说道:"你看这些树,如果不修剪会怎样?枝叶吸收了树

干的养分,枝叶越来越茂盛,而树干却越来越消瘦,这样的木材能值多少钱?只有时时修剪,这棵树才能长成参天树木。同样的,如果我们不能修剪自己内心的欲望,即使我们拥有再结实的躯干,终究会被欲望榨干。人的欲望是无止境的,一种欲望满足了,还会有更多的欲望滋生。若欲望太多太高,则永远得不到满足和快乐。不如修剪一些该修剪的,看开一些该看开的,我们才能活得自如。"

《菜根谭》中说:贪得的人,身上富有了,但内心却一贫如洗;知足的人,身上虽然贫穷,但内心却很富足。人只要产生贪念,欲望就会消融我们的刚强,使我们变得软弱;阻塞我们的智慧,使我们变得昏聩;将我们的仁慧变为狠毒,高洁变为污浊,败坏一生的品行。

生命就如一叶扁舟,载不动太多的物欲和虚荣,强使自己装载,只会使它在驶向彼岸时中途搁浅。因此,我们必须根据自身的实际情况,只取自己需要的东西,也就是随时修剪自己的欲望。

修剪欲望的前提是要有知足常乐的心态。

知足是一种生活态度,常乐是一种幽幽释然的情怀。"布衣桑饭,可乐终身"是一种知足常乐的典范;"采菊东篱下,悠然见南山"尽显知足常乐的惬意;"老天待我至为厚矣"表达着知足常乐的真情实感。

事实上,你生活得快乐与否并不在于你拥有多少财富、多少权势,而在于你拥有什么样的思想和心态,在于你是否懂得知足,懂得感激生活对你的恩赐。

世间不知足的人很多,拥有的时候不自知,失去了又追悔莫及。所以,人生贵在知足,知足者常乐。人的一生可追求的东西很多,但真正可以拥有的却少之又少。那么,我们就该清楚——知足多一点儿,幸福就多一点儿。生病的时候,病情减轻是幸福;劳累的时候,有一张柔软的床是幸福;寒冷的时候,有一件温暖的棉衣是幸福;白发苍苍的时候,有儿孙相伴是幸福……

幸福与否,就看你以怎样的心态去对待了。如果你总是嫌工作太单调、薪水太少、老公没能力、妻子不够贤淑、孩子考试没有得第一……这样,你能感到幸福快乐吗?但是,换一种心态,想想那些谋不到工作、找不到爱人的人,你就会为现在所拥有的一切感到知足。

上帝派天使甲和天使乙在人间巡游,两位天使看到了这样有趣的一幕:

一个衣衫褴褛的乞丐看到一个男孩左手拿着面包,右手拿着牛奶,边走边吃。乞丐摸了摸饥肠辘辘的肚皮,咽下一团又一团口水,美慕地自言自语:"哎,能吃饱饭,真幸福呀!"

那位小男孩刚走了几步,就看到一个女孩被她爸爸牵着进肯德基,买了一个大号的外带全家桶,开心地啃着汉堡,吸着可乐!小男孩看了看自己手中的面包和牛奶,美慕地自言自语:"唉!能吃这么多美味,真幸福呀!"

啃着汉堡包的小女孩坐在爸爸的摩托车后座上,忽然看到一辆漂亮的黑色小轿车从身旁驶过,绝尘而去!小女孩想:"能开这么漂亮的车子,真幸福呀!"

而小轿车里坐着的却是一个逃犯,他正在逃避警察的追捕,可他终究还是被警方逮到了。警察给他戴上了冰凉的手铐,坐在警灯闪烁的警车里。他透过车窗看到一个乞丐在路上漫无目的地走着,于是他美慕地朝乞丐喊了一声:"唉,可以自由自在不受束缚,多幸福呀!"

乞丐听到那人的话,心里一下高兴了起来。原来,自己也是幸福的,以前怎么没有发现呢?于是,他手舞足蹈地一路唱着歌去了。

两位天使回去后,向上帝汇报了在人间所见到的这一切,并述说了心中的困惑:"为什么乞丐也是幸福的呢?"

上帝微笑着说:"人生来就拥有活得幸福的权利,只是一些人没有

去主动发现幸福而已。但不管怎么说，选择适合自己的生活方式，能够自由自在的人，最容易获得幸福。"

现代社会里，激烈的全方位竞争、复杂的人际关系、快速的生活节奏，给人们的心理带来了很大的压力，使他们对幸福也茫然了起来。总是把幸福放在别处，而不会从自身去寻找，自然就会觉得幸福难觅。

没有谁的生活是一帆风顺的，多多少少都要受到一些外来条件的束缚。但外来的束缚其实是可以通过内心来化解的，关键在于你能否找到一种属于自己的生活方式。

曾有这样一位将幸福寄托在儿子身上的父亲。

当年，儿子一心想要学艺术，并且有很高的天赋。但是父亲却说学艺术的人都是叫花子，他让儿子读书，就是为了能让他住到城里去，这是他的人生中最强烈的愿望。自从儿子读书以后，父亲逢人就说他的儿子学习不错，以后大学毕业了，在城里买房，他们一家就会搬到城里去。城里的生活，该有多美好啊！

儿子一直都很听话，父亲说的他都听，所以成绩一直很好，最后终于帮父亲实现了这一愿望——他在城里工作了，并且很快拥有了一个属于自己的家。

春节到了，儿子说要接父亲到城里去住。那是父亲第一次出远门，坐在车里往窗外看，外面花花绿绿的世界让父亲很兴奋，他就像孩子似的整个晚上都没有睡着，一直都在看外面的世界。

住进儿子的家后，父亲却越来越不高兴，感觉一切都无法适应。他不明白，城里人上厕所怎么会在家里；他不明白，城里人吃饭怎么吃得那么少；他晚上睡不着，因为床太软；就连在家吸烟，他也不习惯，平时想抽一口旱烟，一看到儿媳妇那张痛苦的面孔，他就感到内疚；更要命的是，他总是闲不下来，总想找点事情做，比如割草、砍柴、放牛、喂猪

……他不禁反思,这就是自己渴望了大半辈子的生活吗?

终于,在儿子的家中熬过一个月之后,他愁眉苦脸地来到儿子面前说:"你还是让我回家吧!爸希望你以后多存点钱,让爸在乡下养老,这城里的幸福,爸是享受不了了。"

回到了家乡,父亲的脸上又露出了笑容。他逢人便说,那城里的生活,真不是人过的,哪有在乡下舒服,自由自在多快活!

其实,我们没有必要羡慕别人的生活,你所看到的别人的生活不一定就比你的生活幸福。正如叔本华所说:人们很少会想到他们拥有些什么,但是,却常常想到比别人少了些什么。

曾有一对因逃难而失散的孪生兄弟,个性活泼的哥哥在饥寒交迫下跑到寺院里当了和尚,个性安静的弟弟则在机缘巧合下取了妻子生了儿女。这对兄弟多年后重逢,相遇之后,兄弟俩变得越来越不快乐:哥哥羡慕弟弟取妻生子,享尽家庭温馨;弟弟羡慕哥哥皈依佛门,远离尘世纷扰。

一天,兄弟俩相约在半山腰的小凉亭闲谈。之后遭遇到了山崩,两人慌乱之中躲进了一个小山洞,才幸免于难。半夜,哥哥怕弟弟着凉,脱下僧衣给弟弟盖上;清晨,弟弟感激哥哥的照顾,脱下上衣给哥哥盖上。

几天后,处于昏迷状态的兄弟俩获救了。但哥哥被送到了弟弟家,弟弟被送到了寺院。于是,他们将错就错,开始体会自己向往已久的生活。哥哥为了衣食拼命干活,累得半死也撑不起一家温饱,丝毫享受不到家庭生活的温馨;弟弟为了准时撞钟、诵早课,和衣而卧,经常彻夜不眠,半点感受不到出家生活的悠闲。

最后,兄弟俩在疲惫不堪之下重新回到了自己的生活中。他们这才发觉,他们根本就没必要羡慕对方的生活。

总是羡慕别人的生活,就会造成自己生活的混乱,而使人生走向迷茫,弄得自己心烦意乱、不得安宁。羡慕别人的最终代价,就是失去自我。一个失去自我的人,还拿什么去追求幸福呢?不去羡慕别人,自己的日子才会变得悠然平静、从容不迫;才会找到适合自己的生活方式,完成自己的事业,达到自己的目标,从而过好自己的日子。

在培养了知足常乐的心态后,我们就可以结合前面所提到的,从以下几个方面着手"修剪"自己的欲望。

(1)把嫉妒改变为羡慕。

喜欢嫉妒的人,总是容易心怀不满,动辄生气。但是,一个劲地生气有用吗?生气,既显示了自己的气量狭小,又起不到任何作用。因此,与其干坐着生气,倒不如好好争口气。

每个人都应该是自己人生的建造者。既然生活是自己创造的,心情是自己营造的,就用不着为那些不着边际的琐碎小事生气了。

如果你觉得别人比你好、比你出色,你就加把劲赶上去,力争上游。有意识地提高自己的思想认识水平,正是消除和化解嫉妒心理的直接对策。对于比你强大和能干的人,你不仅要有单纯的羡慕和崇拜,更应该抱持一种"我一定会比你强,一定能超过你"的想法。有了积极正面的思考方式,才会带来奋发向上的实际行动。争取做到"后来者居上",你才能活出生命的色彩。

尽管嫉妒和羡慕只是一线之差,但两者却有着天渊之别。嫉妒的人是在打击别人的过程中寻找快乐,以求得心理平衡,而他们自己的生活却一团糟。

其实,我们大可不必嫉妒他人。俗话说:"尺有所短,寸有所长。"每个人都会有长处和短处,为什么要用自己的短处与别人的长处比,自寻烦恼呢?相反,我们可以把嫉妒化成动力,用自己的努力去缩短与别人的差距,甚至超越他人,以换来别人对我们的羡慕。

工作及社交中，嫉妒心理往往发生在双方及多方之间。因此，要注意自己的性格修养，尊重与乐于帮助他人，尤其是自己的对手。这样不但可以克服自己的嫉妒心理，还能使自己免受或少受嫉妒的伤害。同时，还可以帮助你取得事业上的成功，使你感受到生活的愉悦。

美国一位名叫阿瑟·华卡的农家少年是一个很好强的人，他一直很嫉妒那些商界的成功人士。有一天，他在杂志上读到了大实业家亚斯达的故事，他很嫉妒亚斯达能有这样巨大的成功，但又转念一想，为什么自己要在这嫉妒呢？再怎样嫉妒，都不可能像他那样成功，何不向他请教，对他的成功经历了解得更详细些，并得到他的忠告，这样自己或许也能取得成功。

有了这样的想法与动力后，一天，华卡跑到了纽约，早上7点就来到亚斯达的事务所。在第二间办公室里，华卡马上认出面前这位体格结实、浓眉大眼的人就是亚斯达，这让他兴奋不已。一开始，高个子的亚斯达觉得这位少年有点讨厌，然而一听少年问他"我很想知道怎么才能赚到百万美元"时，他的表情立刻变得柔和了，两人竟谈了将近一个小时。随后，亚斯达还告诉华卡该怎样去访问其他实业界的名人。

华卡照着亚斯达的指示，遍访了那些曾让他嫉妒的一流的商人、总编及银行家。在赚钱方面，华卡所得到的忠告并不见得能对他有所帮助。但是，能得到成功者给他的自信，他开始化嫉妒为奋进的动力，仿效他们成功的做法。

过了两年，这个20岁的青年，成为了当初他做学徒的那家工厂的所有者；24岁时，他成了一家农业机械厂的总经理。就这样，在不到5年的时间里，华卡如愿以偿地赚到了百万美元。后来，这个来自乡村简陋木屋的少年，又成为了一家银行董事会的一员。

华卡在以后的创业过程中，一直实践着他年轻时到纽约学到的基

本信条：多与比自己优秀的人结交，把嫉妒别人转变为学习别人的长处，以此来帮助自己成功。

华卡的做法值得我们学习。我们可以把嫉妒对象当作对手，不是向他攻击，而是向他挑战、学习。俗话说："只要功夫深，铁杵磨成针。"很多事情别人能干，自己也一样能干，而且可能会做得更好。

比尔·盖茨说："和那些优秀的人接触，你会受到良好的影响。"然而，要与优秀的人物缔结友情，跟第一次想赚百万美元一样，起初一定是相当困难的。其中的原因并不在于对方的出类拔萃，而在于我们自己的嫉妒之心，不愿友好地进行沟通与交往。

但我们不得不承认与比自己强的人结交是很有好处的。

第一，和比自己优秀的人在一起，我们就会嫉妒别人，容不得自己不如别人，别人行，我一定也行，于是想方设法要超过别人。这样就将嫉妒之心转化为了好强的求胜之心，促使我们很快地成长并超越别人。

第二，结交一个优秀的人，比我们作的任何决定都来得重要。因为，借由他们的成功经验、成功模式，能使我们在非常短的时间内获得非常大的效益；我们也能从他们的失败经历中知道，哪些是我们不要做、不能犯的错误。他们会让我们省下非常多的时间，走对方向，少走弯路。

我们要看到与自己所嫉妒的人之间的差距，以所嫉妒的人为榜样、目标，扬长避短，择其善而从之，见其恶而避之，自己努力改进，迎头向上，积极地将嫉妒心理转化为进取的动力，不让嫉妒使自己的心理不平衡。

对别人产生嫉妒并不可怕，关键要看我们能不能正视嫉妒。如果能把嫉妒转化为成功的动力，时时鞭策自己，化消极为积极，我们反而能因此赶上甚至超过别人。

(2)学会积极的心理暗示。

在生活中,我们不自觉地在自己心目中塑造了很多的偶像,并且渐渐地习惯了仰视这些偶像,觉得他们高不可攀。其实,这是一种认识上的错误。生命没有高低贵贱,任何时候都不要看轻了自己。只有挑战过了自己,把以前的自己比下去了,你才有可能比别人强。

二战后,受经济危机的影响,日本失业人数陡增,工厂效益也很不景气。一家濒临倒闭的食品公司为了起死回生,决定裁员1/3。其中,清洁工、司机、无任何技术的仓管人员首当其冲,这3种人加起来有30多名。

经理找他们谈话,说明了裁员意图。

清洁工说:"我们很重要,如果没有我们打扫卫生,没有整洁、优美、健康有序的工作环境,你们怎么能全身心投入工作?"

司机说:"我们很重要,没有司机,这么多产品怎能迅速销往市场?"

仓管人员说:"我们很重要,战争刚刚过去,许多人都挣扎在饥饿线上,如果没有我们,这些食品岂不是要被流浪街头的乞丐偷光?"

经理觉得他们说的话都很有道理,权衡再三决定不裁员,而是重新制订了管理策略。

最后,经理令人在厂门口悬挂了一块大匾,上面写着:"我很重要。"

员工们每天来上班,第一眼看到的便是"我很重要"这四个字。不管是一线职工还是白领阶层,都认为领导很重视他们,因此工作也很卖命。

这句话调动了全体员工的积极性,几年后,公司迅速崛起,成为了日本有名的公司之一。

所以,任何人只要认为自己很重要,就有可能创造出奇迹。

人生的诀窍就是经营自己的长处。在人生的坐标系里,一个人如果站错了位置——用他的短处而不是长处来谋生的话,那是非常可怕的,他可能会在永远的卑微和失意中沉沦。

成功的道路有千万条,每个人都可以选择一条适合自己的路来走,最关键的不是向别人看齐,而是能够对自己做出正确的估价。

每个人身上都蕴藏着一份特殊的才能,那份才能犹如一个熟睡的巨人,等着我们去唤醒它,而这个巨人就是潜能。上天决不会亏待任何一个人,会给我们每个人无穷无尽的机会去充分发挥特长。只要我们能将潜能发挥得当,我们也能成为爱因斯坦,成为爱迪生。无论别人如何评价我们,无论我们年纪有多大,无论我们面前有多大阻力,只要相信自己,相信自己的潜能,就会有所成就。

有一个女孩,左额头上有一块伤疤,这让她觉得自己很丑,对自己的形象非常没有信心,不愿意和别人打招呼,甚至不愿意抬头走路,每天情绪都很低落。

一天,妈妈送了她一只发卡,说把这个发卡别在头发上,就能挡住那块伤疤。女孩对着镜子把发卡别好,确实遮住了伤疤,她立刻觉得自己变漂亮了,于是就别着发卡出门了。在刚出家门的时候,由于她太高兴了,不小心和迎面走来的一个人撞上了,她面带微笑地说了声"对不起",就去上学了。

一整天,女孩都觉得心情很好,好像每个人对她都比平时更亲切。她也主动和别人打招呼,上课听讲也更认真了,因为她觉得好像每个老师都在注意她。尤其是在放学的时候,几个平时不怎么说话的同学,居然来找她一起回家。

回到家里,女孩兴奋地和妈妈说:"妈妈,你送给我的这个发卡实在太神奇了!今天我感觉特别棒,从来没有感觉这么好过。"接着,她就

把当天在学校发生的一切和妈妈讲了。

妈妈听后,纳闷地说:"女儿,可是你今天并没有戴这个发卡啊,你看,早上你出门后,我在门口捡到了它!"

故事中这个女孩的变化,就是因为受到了积极的自我暗示。坚持心理上积极的自我暗示,对改变个人现状、获得新的做事思路是非常重要的。

那么,在实际生活中,怎样通过积极的心理暗示来决定处理事情和工作的思路呢?

①利用语言的自我暗示。用于自我激励的话,要有积极、肯定的意义。如:"我是独一无二的""我对自己充满信心"。

②利用环境的自我暗示。环境的意义很广,可以是人、物、光、声等。例如,心情烦躁时,可以听听曲调舒缓的音乐。

③利用动作的自我暗示。紧张不安时,可以扩胸做深呼吸;心情烦闷时,可以反背双手散步。

④利用自我"包装"的自我暗示。剪短头发使人年轻精干;长发披肩使人潇洒美丽;服装样式很少改变,暗示保持自己个性不随波逐流。

⑤利用心理图像的自我暗示。消极悲观不如意时,回忆过去取得成功的愉快情景;身处逆境,信心动摇时,想象成功人士艰苦奋斗的情景。

(3)不为名誉和权力所累。

在现实生活中,名誉和地位常常被看作衡量一个人成功与否的标准,所以追求一定的名声、地位和荣誉,已成为一种极为普遍的心态。在很多人心目中,只有有了名誉和权力,才等于实现了自身的价值。其实,人生的目的,不在于成名、成家与否,而在于面对现实,去努力为之,尽情享受生命,细心体验生活的美好。

人在旅途,功名利禄只是身外之物,只要我们努力地前行,真实地

面对我们所拥有或将要拥有的一切,你会发现,能满足一个人的可以很多也可以很少。人生天地之间,转瞬来去,就像是偶然登台、仓促下台的过客一样。既然人生如此短暂,我们就要珍惜人生,不要贪图权势,自酿苦酒。

每个人都有自己不同的活法。对个人而言,各有各的追求;对社会而言,各有各的贡献。一个快乐的人不一定是最有钱、最有权的,但一定是最聪明的。他的聪明就在于懂得人生的真谛:花开不是为了花落,而是为了灿烂。

在人生的追求中,我们对名誉和权力的追求应该注意节制,否则生活就会变得过于功利和枯燥。

无可否认,进入了权力中心的人,自有许多物质、名誉的利益。惟其有利益、有诱惑,才会有那么多人奋不顾身地去追求。从古至今,围绕着权势,历史上和现实中曾上演过多少令人扼腕的悲剧?人生诸多烦恼,多由贪婪权势引起;人间诸多祸患,也多由贪婪权势招致。因此,追求名誉和权力的时候,更应该铭记的是,君子爱财、爱名、爱权,都得取之有道。

有的人既不求升官,也不求发财,每天上班安分守己做好本职工作,下班按时回家,每个月领着不多不少还算说得过去的工资,晚上陪爱人在家里看看电视,周末带孩子逛逛公园,年轻的时候打打篮球,年纪大了就练练太极拳,不生气,不上火,知足常乐,长命百岁。这样的人生可能看起来有些"平庸",但其中的那份"闲适"给人带来的满足,却是那些整日奔波劳累、费心劳神追求功名利禄之人所体会不到的。

旷世巨作《飘》的作者玛格丽特·米切尔说过:"一直要到你失去了名誉以后,你才会知道这玩意儿有多累赘,而真正的自由又是什么。"盛名之下,是一颗活得很累的心,因为它只是在为别人而活着。我们常羡慕那些名人的风光,可我们是否了解他们的苦衷?想要活得潇

洒自在、幸福快乐,就必须学会淡泊名利,割断权与利的联系,无官不去争,有官不去斗,位高不自傲,位低不自卑,欣然享受清心自在的美好时光,感受生活的快乐和惬意。

学会以平和之心看待权力地位,乃是免遭欲望陷阱的良方,也是得到人生幸福和快乐的智慧所在。

TIPS:测试你是个知足常乐的人吗?

知足,就是对事情的状况感到满意。知足常乐,强调的是一种心态,是说要以正确的、平和的心态来对待宠辱得失。

知足心就静,心静自然乐在其中。

在这个物欲横流的社会,你能保持一种平和的心境吗?请按照实际情况来选择。

1.你是否觉得自己被迫循规蹈矩?

A.是的,有时是这样

B.很少或从不

C.是的,我经常因为必须循规蹈矩而感到沮丧

2.你是否喜欢自己的工作?

A.大多数时候是,但不总是

B.是的

C.基本上不是这样

3.你认为下面哪个词是对你最好的概括?

A.安定的

B.感到满意的

C.不平静的

4.你是否做了一些让你良心不安的事?

A.是的,有时候

B.很少或从不

C.是的,我在这方面很担心

5.你对生活是否抱有一种轻松的态度?

A.是的,对大多数事情是这样。但是,有些事情很重要,不是那么容易放得下

B.总的来说,我的确是采取一种轻松的态度对待生活

C.我不认为自己是一个很轻松愉快的人

6.你是否会因为自己的失败而拿别人出气?

A.偶尔

B.很少或从不

C.经常

7.你是否感到自己的生日是在比较幸运的星座上?

A.也许我算比较幸运的

B.绝对没错

C.不

8.你是否已经实现了人生的大多数抱负?

A.是的

B.我现在不能找出特定的抱负需要我去实现

C.完全不是

9.你如何看待未来?

A.有一定程度的理解

B.如果顺利的话,会像现在一样继续发展

C.我希望将来会比过去和现在要好得多

10.你拥有良好的睡眠吗?

A.我努力做,但不总是成功

B.是的

C.通常不太好

11.你是否觉得自己有自卑感?

A.可能,有时是这样

B.没有

C.是的

12.你是否认为自己拥有忠诚和稳定的家庭生活?

A.总的来说是这样

B.毫无疑问

C.不是

13.你觉得自己有没有充分享受自己的业余时间?

A.也许我的业余活动没有我希望的多

B.是的

C.没有,因为我没有时间参加业余活动

14.你是否考虑过通过做整形手术来让自己变得漂亮一些?

A.可能

B.没有

C.是的

15.如果让你回顾并且评价自己的人生,下面哪句话最适合?

A.基本上满意,但我认为自己还能够获得更多

B.我要感谢上天的恩赐,因为我人生的顺境要多于逆境

C.我多少会感到有些生气,因为我没有实现自己的人生价值

16.你是否很容易休息放松?

A.有的时候容易,有的时候比较困难

B.很容易

C.一点也不容易

17.你是否已得到人生中应该得到的大多数东西?

A.基本上是这样

B.我认为我得到了

C.我认为我没有得到

18.你是否经常希望自己是另一个人?

A.不经常,但偶尔会认为有些人比我幸运

B.我从来没有认真考虑过

C.我经常希望自己是另一个人

19.如果让你变换生活方式一年时间,你愿意吗?

A.在特定的情况下有可能

B.我认为我不会

C.是的,我会接受这样的机会

20.你是否觉得机会总是从身边溜走?

A.有时

B.很少或从不

C.经常

21.你嫉妒其他人的财产吗?

A偶尔

B.很少或从不

C.经常

22.你是否经常因为做得太少而沮丧?

A.有时

B.很少或从不

C.几乎始终是这样

23.你是否渴望异乎寻常的假期,它可以让你完全逃避现实?

A.是的,有时候

B.假期是不错,但对我来说不是必不可少的

C.是的,经常这样想

24.你是否嫉妒富人或名人?

A.偶尔

B.很少或从不

C.经常

25.你对自己感到满意吗?

A.偶尔

B.经常

C.很少或从不

计分标准

选A得1分;选B得2分;选C不得分。

测试结果

少于25分:你对自己的生活不太满意。

也许你对没有实现自己的人生梦想或者已经精疲力竭而感到非常无奈和痛苦;也许你认为人生太短暂,你没有足够的时间去做许多你想要做的事情;也许你实在不满意当前所从事的工作,而且在工作的时候,你常常会想到许多你真正愿意做的事情;也许你正在经历人生的一个困难或紧张的时期……这些情况是我们每个人都可能遇到的。

如果情况确如上面所述,那么现在正是审视并且评价自己人生的好时候,并且特别要多注意积极的方面,扪心自问得到了什么。也许你拥有一份稳定而喜欢的工作和一个和睦的家庭,这本身就是一种成就;也许你有一项喜爱的运动或业余爱好,而且可以倾注更多的时间从中享受乐趣……所有这些都是值得感激的,而不能成为失望的理由。

25~39分:你对自己的人生基本满意,尽管可能你还没有意识到这一点。

尽管你并不缺乏雄心壮志,但你不会为了追求这些目标而去冒险,包括危及到你自己的快乐和现有的生活方式,以及那些和你最亲

近的人。

但是，在你的内心深处，经常会有一种不满足感，因为你自认为可以获得更多，并且因此而多少感到有些遗憾。

尽管如此，你还是认为，总的来说，自己的目标大部分已经实现。因此，没有理由做任何改变，哪怕许多其他人，例如父母、老师、朋友和同事都急切地告诉你应该怎样对待生活。毕竟，只有当这些目标对你来说很重要时，它们才算重要。因此，你才是自己的首席专家，你才有权决定自己的人生道路应该怎样走。

40~50分：你的得分表明你对自己的生活感到满意。因此，你可能拥有快乐和内心的安宁。正是这种快乐感染并影响了你周围的人，尤其是你的直系亲属。

你是很幸运的一类人，能够找到自己的小天地。你很懂得知足常乐，这正是许多人羡慕你的地方。

延伸阅读：黄金心态的8种表情

在生活中，带领你获得圆满人生的好心态都有哪些呢？

首先，当然是**乐观**的心态。

人的一生不可能一帆风顺，所以生活中的困难和挫折在所难免，而且通常机会也总是会伴随着困境一起出现。如果没有乐观的心态，就没有办法发挥自己的能量，揭开困难的面纱，获得成功的机会。

其次，成功的人还都拥有**自信**的心态。

面对挑战，自信的人选择接受，而自卑的人则选择逃避。自信的人才能够充分地发挥自己的潜能，自卑的人却只在自我怀疑中浪费时间。

作为一个渴望成功的人，我们还需要有**进取**的心态。

"大鹏展翅，志在千里。"真正的成大事者，在开始人生旅途的第一步，就已经确立了远大的志向。跑长跑和赛短跑，所采用的方式是不一样的，所到达的终点也是不一样的。总是想走得更远的人，才有可能走得更远。

谦虚的心态也是一种弥足珍贵的心态。

也有人把谦虚心态形容为"空杯心态"：永远把自己当成一只空的杯子，才能持续接收新的东西，才能不断地成长。试想你背负着沉重的行囊，心里总是被过去或现有的一切塞满，又怎能汲取更多新鲜的养分，在通往成功的道路上走得更远呢？只有谦虚才能收获更多。

"百分之九十的失败者不是被打败的，而是自己放弃了成功的希望。"这句话揭示了我们需要的另一种好心态——**坚持**的心态。

曾经有一个人挖井，第一口井挖了9米他放弃了，第二口井挖了8米他放弃了。他不断地挖，挖了十口井，但是没有一口井出水。为什么呢？因为水在10米深的地方，但是他却没有坚持下去。最近的时候，他离成功只差1米。

现在很多人为了寻找机会到处跳槽，其实他们需要的是再多坚持一下。因为有的时候，只要多坚持一下，机会来的时候你才正好在那里。

好心态还包括**负责任**的心态。

"能力越大，责任越大。"这句话是说，有能力的人会被赋予更多的责任。反过来也是一样的，越懂得负责的人，才越会主动地提升自己的能力。

人生的每一步，都应该脚踏实地。这句话告诉我们，**务实**的心态是非常重要的。

如果没有肥沃的泥土，再美的鲜花也没有办法开得长久；如果没有充裕的食物，再有雄心的鸟也飞不了太高。

人还应该拥有**感恩**的心态。

我们不可能一个人生活在这个世界上,有许多事情没有别人的帮助根本无法完成。所以,我们要饮水思源,知恩图报,对这个世界怀抱一颗感恩的心。

感恩是一种心与心的连接,它能让自己的能量通过连接更多的心而不断增大。

当然,好的心态并非仅仅只有这些,如果你能通过上面的阐述举一反三,还会发现更多的好心态。简单来说就是,与目标一致的心态就是好心态;反过来,不好的心态就需要调整,直到适应你的目标。

第三章

学会舍得，
一念放下万般自在

人生的一切烦恼，归根到底，就是因为没有学会放下，使身心背负着沉重的包袱，因而生活也变得越来越累。

"智者无为，愚人自缚"，人通常喜欢给自己的心灵套上枷锁，给精神添加压力。所以说，"放下"不仅是一种解脱的心态，更是一种清醒的智慧。

不管当下境遇如何，请放下昨日的辉煌，放下昔日的苦难，放下所有不必要的包袱。

果断地放弃,是明智的选择

一个行囊,如果装得太满,就会很沉、很重、很累。

一个生命背负不了太多的行囊,在人生大道上,我们注定要抛弃很多。果断地放弃是面对人生、面对生活的一种清醒而明智的选择。只有学会放弃那些本该放弃的东西,生命才能轻装上阵,一路高歌。

1.放下不是简单的丢弃,而是舍弃不必要的包袱

人的一生,难免遭遇不幸和痛苦,但无论是痛苦与快乐、失败与成功,一切都会随着时间的流逝成为过去。所以,我们不必沉湎于过去的挫折和苦难,也不必为一时的成功沾沾自喜,所有的一切,不管是美好的,还是痛苦的,都会成为回忆。

若永远将这些过去背负着,必将阻碍你前行的步伐,羁绊你的人生。忘掉曾经刻骨铭心的伤痛,忘掉曾经难以承受的苦难,忘掉自己曾经的辉煌……忘掉过去,你将拥有幸福的生活。

祥林嫂是鲁迅中篇小说《祝福》里的一个人物,她唯一的儿子阿毛被狼吃掉之后,深陷丧子之痛的祥林嫂逢人便说阿毛的遭遇。"我真傻,真的……"她的诉说满含着一个母亲的深深自责和痛悔。阿毛遭狼袭击当天的细节,包括五脏被狼吃空,手上还紧紧捏着小篮的惨痛的一幕,都深深地刻进了她的脑海。她反复地向人们诉说惨剧,仿佛要借

此舒缓内心的痛，寻求同样为人父母的谅解和安慰。但越是提起阿毛，祥林嫂就越是伤心欲绝，她就这样陷入了一种循环往复的痛苦旋涡中不能自拔……

在我们的身边，也有像祥林嫂这样的人物，受到伤害之后，一蹶不振，在伤痛的海洋里沉沦，迟迟不肯从伤痛中走出，每天舔着伤口度日。

一个年轻的女子，失恋之后，伤心难过，对生活失去了信心。这时，有人告诉她："当初没有恋爱时，你是怎样生活的？是不是一样的开心，无忧无虑？如今你的日子不过是回到了从前而已，对于你来说并没有什么损失。"女子听后，恍然大悟。

生活中，无论我们失去了什么，受到了怎样的伤害，都不能丧失对生活的希望。

松下幸之助在很小的时候就开始在外面打工。父亲去世后，他一个人担负起了全家的生活重担，这也使他过早地体验了生活的艰辛。

22岁那年，他成为了一家电灯公司的检查员。有一天，松下幸之助觉得自己身体不舒服，到医院检查之后发现得了家族病，这种病已经让9位家人在30岁前离开了人世。此时，他已没有了退路，反而豁达了起来，对可能发生的事情也有了充分的心理准备。后来，他自己摸索出了一套与疾病斗争的办法：不断调整自己的心态，以平常心面对疾病，调动机体自身的免疫力、抵抗力与病魔作斗争，使自己保持旺盛的精力。这样的过程持续了一年，他的身体也慢慢变得结实起来，内心也越来越坚强。

患病一年的苦苦思索，加上工作方面不顺利，使他决心辞去公司的工作，独立经营插座生意。创业之初，正逢第一次世界大战，物价飞涨，而松下幸之助手里的资金还不到100日元。公司成立后，最初的产

品是插座和灯头,但销量不佳,工厂到了举步维艰的地步。后来,员工相继离去,松下幸之助更是陷入了困境。

但是,他并没有因此放弃对梦想的追求,他把这一切都看作创业的必然过程。他告诉自己:"再下点工夫,总会成功的!已有更接近成功的把握了。"

功夫不负有心人,在松下幸之助的坚持下,生意逐渐有了转机,公司也慢慢走上了正轨。

1929年,世界性的经济危机席卷全球,日本也未能幸免,电器销量锐减,库存激增。第二次世界大战的爆发使日本经济走上了畸形轨道,日本的战败使得松下幸之助几乎变得一无所有,但是他依然没有屈服,反而越挫越勇。

如今,"松下"已经成为享誉全世界的知名品牌。如果当初在得知自己患上家族病的那一刻,松下就失去了希望,沉浸于悲伤之中,那么我们或许就不会看到今天这个闻名全球的品牌了。

生活中有各种各样我们想不到的事情,这些事情本身并不可怕,可怕的是我们无法从这些事情所造成的影响中抽身出来,尽早以最新、最好的状态去投入接下来的事情。哪怕我们身无分文,我们也可以从零开始,一点一点地打拼。不论什么时候,都应该相信一点:磨砺到了,幸福也就来了。

人们都知道,李白是唐朝著名的浪漫主义诗人,他的一生颇具传奇色彩。"仰天长笑出门去,我辈岂是蓬蒿人"的名句,在潇洒傲岸之中,透出了他建功立业的豪情壮志。后来,他凭借着生花妙笔,名扬天下,成为了翰林学士,这是很多古代文人梦寐以求的。但是一段时间之后,李白发现自己不过是替皇帝做点缀的御用文人。此时的李白就面临着选择:是继续留在宫中做翰林学士,享受荣华富贵,还是离开皇宫,穷困潦倒地过自由自在的生活?权衡再三,李白毅然选择了"安能

摧眉折腰事权贵,使我不得开心颜",弃官而去。

其实,我们的人生就是由许许多多的选择构成的。许多时候,一些看似无谓的决定,实际上却为我们以后的重大选择奠定了基础。无论多么远大的理想、多么伟大的事业,都必须从小处做起,从平凡处做起。所以,对于那些看似琐碎的选择,必须慎重对待。

只有选择了适合自己的,才能有所成就,否则,生命将难以承受!

一位老师带着他的学生来到了一个神秘的仓库,仓库里堆满了各种各样散发着奇光异彩的宝贝。学生看着眼前琳琅满目的宝贝,欣喜若狂。他拿起一件,仔细地观察起来,发现上面刻着"快乐"两个字。接着,他又拿起另外一件,上面刻着"善良"。原来,这里的每件宝贝上面都刻有文字,它们分别是骄傲、正直、快乐、爱情等。

老师告诉学生:"这里的每件宝贝都代表着一样东西,你可以带走你需要的那些。"

学生听后,喜出望外,但是这些宝贝都是那么漂亮和迷人,他见一件爱一件,抓起来就往口袋里放。

很快,口袋就装满了,学生背着满满当当的口袋,跟着老师依依不舍地离开了仓库。在回家的路上,他觉得口袋越来越沉,没走多远,便气喘吁吁,两腿发软。

这时,老师说话了:"孩子,我看你还是丢掉一些宝贝吧,回家的路还远着呢!"

尽管学生心里十分不情愿,但他实在是背不动了,只好在口袋里翻来翻去,丢掉了两件宝贝。接着,他们又开始往回走,但宝贝还是太多,口袋还是很沉,学生不得不一次又一次地停下来,咬着牙丢掉一两件宝贝。"痛苦"丢掉了,"骄傲"丢掉了,"烦恼"丢掉了,口袋的重量不断减轻,但学生还是感觉很沉,双腿依然像灌了铅一样的重。

"孩子,"老师又一次劝道,"你再翻一翻口袋,看还可以丢掉些什

么。"

学生终于把"名"和"利"也翻出来丢掉了,口袋里只剩下了"谦虚"、"正直"、"快乐"、"爱情"。当他再一次将口袋背到肩上的时候,他觉得轻松多了。

当他们走到离家还有5公里的一个森林处的时候,学生又一次感到了疲惫,这次是前所未有的疲惫,他真的再也走不动了。

"孩子,你看还有什么可以丢掉的。现在离家只有5公里了,要是你不肯丢掉一些,我们今天恐怕就回不去了。到了晚上,这里可是会有猛兽出没的。"

学生想了想,拿出"爱情"看了又看,恋恋不舍地放在了路边。

天黑之前,他们终于走出了那个森林。这时,老师舒了一口气,对学生说:"我的孩子,经历过这次奇妙的旅程,你终于学会了选择和放弃。"

2.放下不是失去,而是为了更好地拥有

每个人的心灵空间都是有限的,要想装下更多美好的东西,就需要丢弃一些不必要的内容。只有这样,你的心灵才不会有太多的负累。

很多时候,我们之所以紧紧地抓住某个东西,迟迟不愿松手,是因为我们害怕,一旦放手,我们就会失去。实际上,放手并不等于失去,而是为了更好地拥有。放弃之后,你会一身轻松,太阳是全新的,外面的世界是全新的,那些旧的阴霾都已经消散,迎接你的是美好的明天。

从前,有两个农夫,他们每天都要翻过一座大山去耕地。有一天傍晚,他们在回家的路上发现路边有两大包棉花,两人喜出望外,如果将这两包棉花卖掉,足可使一家人一个月衣食无忧。所以,两人马上各自

背了一包棉花，匆匆赶路回家。

走着走着，其中一个农夫看到山路上竟然有一大捆布。走近细看，竟是上等的丝绸，足足有十几匹。欣喜之余，他和同伴商量，一同放下背负的棉花，改背丝绸。

可是同伴却不同意，认为自己背着棉花走了这么一大段路，到了这里丢下棉花，岂不枉费了自己先前的辛苦？不管他怎么劝，同伴都不听。没办法，他只好竭尽所能地背起丝绸，跟同伴继续前行。

又走了一段后，背丝绸的农夫看到树林里有东西在闪闪发光，走近一看，竟然是黄金。农夫心想，这下真的发财了，于是赶忙要同伴放下肩头的棉花，改为背黄金。

同伴仍然坚持要背着棉花，以免枉费先前的辛苦，并且怀疑那些黄金不是真的，劝他不要白费力气，免得到头来空欢喜一场。

发现黄金的农夫用丝绸包了两包黄金，然后和同伴一起回家。

快到家的时候，天突然下起了瓢泼大雨，两个人无处躲藏，全身都淋透了。更不幸的是，背棉花的农夫背上的大包棉花吸饱了雨水，压得他喘不过气来，而且浸水的棉花也没人愿意要了。无奈之下，农夫只好丢下一路辛苦背来的棉花，空着手和挑金子的同伴回家去了。

不可否认，不放弃是一种良好的品性，但问题是，如果你所坚持的目标是错误的，而你仍要奋力向前，迟迟不愿放手，那只能叫愚蠢。在错误的道路上，过分坚持会导致更大的错误。成功者的秘诀是随时检查自己的选择是否出现了偏差，合理地调整目标，放弃无谓的坚持，轻松地走向成功。

因此，我们要学会灵活地看待放弃和选择。什么时候应该放弃，要根据自己的情况而定。诺贝尔奖获得者莱纳斯·波林说："一个好的研究者应该知道发挥哪些构想，丢弃哪些构想，否则，会浪费很多时间在无用的事情上。"

很多时候,人们只看到了放下时的痛苦,却忘记了不放下所可能带来的更大的痛。电影《卧虎藏龙》里有这样一句很经典的话:当你紧握双手,里面什么也没有;当你打开双手,世界就在你手中。只有懂得放弃,才能在有限的生命里活得充实、饱满。

有一位名叫迈克·莱恩的英国人,十分热衷于探险。1976年,他随英国探险队成功地登上了珠穆朗玛峰。在下山的路上,一行人遭遇了暴风雪。在恶劣天气的影响下,他们每向前一步都极其艰难。而最令人担忧的是,暴风雪根本就没有停下的迹象。更可怕的是,他们的食品已所剩不多,如果停下来扎营休息,很可能在没有下山之前,就被饿死;如果继续前行,大部分路标早已被大雪覆盖,极有可能迷路。除此之外,每个队员身上所带的增氧设备及行李已经压得他们喘不过气来,这样下去,步履会更加缓慢,登山队员即使不被饿死,也会因疲劳而倒下。

在整个探险队陷入迷茫的时候,迈克·莱恩建议大家丢弃所有的随身装备,只带一些食物轻装前行。他的这一建议几乎遭到了所有队员的反对。他们认为到山下最快也要10天,这就意味着这10天里不仅不能扎营休息,还可能因缺氧而使体温下降,以致冻坏身体,这将使他们的生命陷入极其危险的境地。

面对队友的顾忌,迈克·莱恩很坚定地告诉他们:"我们只能这样做,这场暴风雪极有可能持续很长一段时间,如果再拖延下去,路标会被全部掩埋。丢掉了重物,我们就不会再有任何幻想和杂念。只要我们坚定信心,徒手而行,就可以提高行走速度,这样我们还有生的希望!"最终,队员们采纳了迈克·莱恩的意见。一路上,大家相互鼓励,忍受疲劳和寒冷,不分昼夜前行,结果只用了8天时间就到达了安全地带。

直到他们下山,暴风雪依旧没有停止。这时,队员们都暗自庆幸自己当初的决定。

多年后，英国国家军事博物馆的工作人员找到迈克·莱恩，请求他赠送一件与英国探险队当年登上珠穆朗玛峰有关的物品，收到的却是迈克·莱恩因冻坏而被截下的10个脚趾和5个右手指尖。

因为当年迈克·莱恩的决定，他们的登山装备无一保存下来，留下来的，只有那些冻坏的指尖和脚趾。这是博物馆收到的最奇特也是最珍贵的赠品。

"放下"，不是说什么都不要，而是说你要清楚自己究竟要什么、要多少。

利奥·罗斯顿是美国好莱坞最胖的电影明星，他的腰围6.2英尺，体重385磅，走上几步路也会气喘吁吁，医生曾多次建议他注意节食，减少演出，如果再为金钱所累，将会危及生命。但罗斯顿却不以为然地说："人到世界只有短暂的几十年，我虽然有很多钱，但我还要拼命地继续挣下去。因为，我太喜欢钱了。"

罗斯顿没停下挣钱的脚步，而是更疯狂地到世界各地演出挣钱。1936年，罗斯顿在英国伦敦演出时，突然晕倒在舞台上，人们手忙脚乱地把他送到伦敦最著名的汤普森急救中心，经诊断，他是因心肌衰竭而导致发病。紧急抢救后，他虽勉强睁开了眼睛，但生命依然危在旦夕。尽管医院用了当时最先进的药物和医疗器械，最终还是没能挽留住他的生命。弥留之际，罗斯顿断断续续说出了一句话：你的身躯很庞大，但你的生命需要的仅仅是一颗心！

汤普森急救中心院长、世界著名胸外科专家哈登眼睁睁地看着罗斯顿闭上了双眼而自己却无能为力，不由得黯然垂泪，十分惋惜地说："罗斯顿醒悟得太迟了。"

为警示后人，哈登院长决定把罗斯顿的临终遗言，镌刻在院中接待大厅的醒目处。从此，凡来这里就诊的病人，第一眼就可看到那条

醒目的警示语。很长一段时间,警示语确实起到了警示作用。

转眼47年过去了,那条警示语虽然还醒目地保留在汤普森急救中心大厅的墙上,但罗斯顿却已渐渐淡出了人们的记忆,心脏病患者有增无减,而且已成为威胁人类生命的头号杀手。

时间到了1983年夏天,汤普森急救中心接收了一名危重病人,他是美国石油大亨默尔。几天前,他来英国谈一笔很重要的生意,忽然晕倒在谈判桌前,随行人员紧急把他送到这家医院救治,诊断结果也是心肌衰竭。但重病中的默尔并没忘记自己的生意,不但包下了急救中心的一层楼,而且安装了联络总部和分部的电话及传真机,他一边接受治疗,一边忙碌地向各地发出道道指令。主治医生多次劝他,让他在生命的危急时刻,一定要静心休养,千万不能劳累,否则随时都会发生致命的后果。但默尔依然我行我素,医生也无可奈何。

那天,默尔散步来到院中心的接待大厅,发现了墙上那条警示语,情不自禁停住了脚步,聚精会神地默念起来,然后让随行人员请来主治医生,询问这条警示语的来由。医生原原本本给他讲了事情的来龙去脉。默尔听完后,顿时陷入了沉思,又在那条警示语前驻留了一个多小时,这才神情凝重地缓缓离开。

回到病房,他首先命令随从撤掉了所有电话和传真机,接着又指示公司财务部,让他们迅速核查账目,说他出院后有大事要办。

一个月后,默尔痊愈出院,他回到公司做的头件事,竟是卖掉苦心经营资产已达数千万美元的公司,之后便带上家人,去了苏格兰乡下的一栋别墅,过起了逍遥自在的世外桃源生活。

默尔的特殊举动,顿时引起了外界的种种猜测,媒体更是对此兴趣十足,纷纷提出采访他的要求,期盼解开这个谜底,但都被默尔断然拒绝。

后来,人们还是在默尔的自传中找出了这个谜题的答案。在自传的结尾有这样一段话:"这个世界上,不知有多少人日夜在为金钱财富

拼命,挣到了百万还想挣到千万,达到了千万又想挣到亿万,一门心思聚敛钱财,到头来,自己究竟得到了什么呢?我之所以要这样做,只不过是汲取罗斯顿的教训罢了,他那句临终遗言,'你的身躯很庞大,但你的生命需要的仅仅是一颗心',让我大彻大悟。但我还要加上自己的感悟:富裕和肥胖没什么两样,不过是获得超过自己需要的东西罢了。多余的脂肪会压迫人的心脏,多余的金钱会拖累人的心灵,多余的追逐会增加生命的负担。要想活得健康和自在一点,就必须尊重自己的生命,舍弃那些'多余'的财富。"

如果你发现自己也被"东西"压得喘不过气,有一个再清楚不过的选择:放下一些。不是为了失去,而是为了更好地拥有另一些。

第一,放下光环,是为了追求更好的未来。

乔丹,篮球界的一个奇迹,他是全世界人们最为耳熟能详的篮球运动员,曾经获得过无数辉煌的成绩。那么,他是如何从一个名不见经传的普通球员成长为国际明星的呢?

在乔丹还是个不太知名的普通球员时,有一次,他所在的球队取得了一场比赛的胜利。和同伴们一样,乔丹也沾沾自喜地畅说着自己内心的喜悦,而一旁的教练却显得相当冷静。他把乔丹叫到一旁,用十分严肃的口气对他说:"你是一个优秀的队员,可是在今天的比赛场上,我不得不说,你发挥得极差,完全没有突破自己,你离我想象中的乔丹还差很远。你要想在美国篮球队一鸣惊人,必须时刻记住——要学会自我淘汰,淘汰掉昨天的你,淘汰自我满足的你,否则你就不会有寻求完善的心……"

听了教练的话,乔丹惭愧极了,他将这些话铭记于心,时刻激励着自己。在不懈的努力下,乔丹的球技得到了迅速的提升,他终于加入了芝加哥公牛队。后来,他又成为了全美国乃至全世界家喻户晓的"飞

人"。日后,乔丹曾多次表示过,自己取得的成绩离不开教练当初的那一席话,是教练让他明白必须忘记过去的辉煌,才能更加集中精力应对眼前的事情。即便在他已经成为篮球巨星的时候,他依然不忘用当初的那些话来提醒自己。

乔丹的成功,正是因为他不断地进行自我淘汰,从而不断地完善自我,走向一个又一个辉煌。失败不是成功的最大敌人,自满才是。自满之人的路很短,因为当别人还在继续向前跑的时候,他却以为自己已经到达了终点,完全不知道自己被远远地抛在了后面。所以,我们要做的,也是最不容易做到的,那就是狠心地把自满淘汰,把沉浸在昔日辉煌成就中的心淘汰,不断为自己充电,使自己能够有足够的资本再造辉煌。

"每天淘汰自己,不断地自我更新,自我挑战",世界首富比尔·盖茨就是靠这样的精神与信念获得了今天的成就。他没有因为有了世界首富的光环而满足于现状。在他的理念中,与其让竞争对手开发新的操作系统挑战他或者取而代之,不如先自我淘汰,这样不但能够领先市场、主导市场甚至于垄断市场,同时也能让对手望尘莫及。聪明的人会最先掌握这种通向成功的有力法宝,明智地与时代并进,做行业的主流。

第二,放下辉煌,是为了可以创造更多的奇迹。

袁隆平,"杂交水稻之父",曾获国家科技进步一等奖。科学家做到袁老这样已是相当成功了,就此退休享福也无可厚非。但袁老却踏上了新的征程,继续研究杂交作物。

一生有一个奇迹,够吗?袁老的努力告诉我们:远远不够。科学的探索永无止境,人生的奇迹无穷无尽。只是大多数人容易自我满足,认为已经成功便不再努力,才使得"奇迹"成为奇迹。

班超有很高的文学天赋,却毅然投笔从戎;孙文曾是一名成功的

医生,却转而建立中国同盟会;鲁迅曾想以一己之力治疗病患,却意识到拯救人心乃当务之急……他们曾经经历成功,本来也可以就那样平稳度过余生,但他们放弃了那些光环,勇敢地追寻人生的真正意义。

3.永远不要为曾经放下而后悔,我们无法走回头路

一个少年挑着一担砂锅匆匆赶往集市。路过一条狭窄的山路时,几个砂锅掉在地上摔碎了,可少年却头也不回地继续前行。路人喊住少年:"你的砂锅摔碎了。"少年回答:"我知道。"路人又问:"那为什么不回头看看?"少年说:"已经碎了,回头何益?"说罢继续赶路。

看到这个故事,不知道你有没有一点感悟:是呀,既然锅已经碎了,回头看又有什么用呢?

正如我们的人生,走过的那一段已经无法重新开始,不管你再怎么惋惜、悔恨,也无法改变既定的事实。与其在痛苦中挣扎,还不如重新找一个目标,再一次奋发努力。不要为过去的失败而做无谓的自责和叹息,学会放弃才是一种真正的超越,一种真正的战胜自我的强者姿态。

一位有着多年临床经验的心理医生撰写了一本医治心理疾病的专著。有一次,他受邀到一所大学讲学。课堂上,他拿出了厚厚的著作,说:"这本书有1000多页,里面有3000多种治疗方法,100000多种药物,但所有的内容,其实只有4个字。"

说完,他在黑板上写下了"如果,下次"。

医生接着说:"很多时候,造成人们精神消耗和折磨的就是'如果'这两个字。'如果我考进了大学''如果我当年不放弃他''如果我当年

换了其他的工作'……这些是我这么多年来听到最多的话语。治疗心理疾病的方法有很多,但最终的办法只有一个,就是把'如果'改成'下次':'下次我有机会再去进修''下次我不会放弃所爱的人'……只有这样,人们才能真正地从痛苦中走出来。"

很多时候,影响一个人幸福感的因素,并不是物质的贫乏或丰裕,而是一个人的心境。如果把自己的心浸泡在后悔和遗憾的旧事中,痛苦必然会占据整个心灵。

卡耐基先生有一次造访希西监狱,对狱中的囚犯看起来竟然和世人一样快乐很是惊讶。典狱长罗兹告诉卡耐基:"犯人刚入狱时都甘愿服刑,并尽可能快乐地生活。"这时,卡耐基看到有一位花匠囚犯在监狱里一边种着蔬菜、花草,一边轻哼着歌。他哼唱的歌词是:"事实已经注定,事实已沿着一定的路线前进,痛苦、悲伤并不能改变既定的形势,也不能删减其中任何一段情节。当然,眼泪也于事无补,它无法使你创造奇迹。那么,让我们停止流无用的眼泪吧!既然谁也无力使时光倒转,不如抬头往前看……"

卡耐基听完,终于明白了这些人快乐的原因。

令人后悔的事情在生活中经常出现:许多事情做了后悔,不做也后悔;许多人遇到后悔,错过了更后悔;许多话说了后悔,不说也后悔……人生没有回头路,也没有后悔药。过去的已经过去,你再也无法重新设计。后悔,只会消弭未来的美好,给未来的生活增添阴影。

只要你心无挂碍,什么都看得开、放得下,何愁没有快乐的春莺在啼鸣?何愁没有快乐的泉溪在歌唱?何愁没有快乐的白云在飘荡?何愁没有快乐的鲜花在绽放?所以,放下就是快乐。不被过去纠缠,才是幸福的人生。

一位老人在行驶的火车上，不小心把刚买的新鞋弄掉了一只，周围的人都为他惋惜。不料，老人竟立即把另一只鞋也从窗口扔了出去，这让人惊讶不已。老人解释道："这一只鞋无论多么昂贵，对我来说都也没有用了。如果有谁捡到一双鞋，说不定还能穿呢！"

很多人都有过某种重要的物品丢失的经历，但很少有人能像这位老人这样豁达，究其原因，就是我们没有调整好心态去面对失去，没有从心理上承认失去，总是沉湎于已经失去的东西。事情既然已经过去，不论你捶胸顿足或者痛哭流涕，都不会对既定的事情产生影响。既然如此，那就别再后悔，而应该向前看，因为明天、未来才是你最需要考虑的。

有个人20岁的时候因为被人陷害，被判入狱。10年后，冤案告破，他终于走出了牢房。

出狱后，他开始了几年如一日的反复控诉、咒骂："我真不幸，在最年轻有为的时候遭受冤屈，在监狱度过了本应是人生最美好的一段时光。监狱简直不是人待的地方，狭窄的空间让人倍感压抑，只有一个小窗户，几乎看不到阳光；冬天寒冷难忍，夏天蚊虫叮咬。真不明白，上天为什么不惩罚那个陷害我的家伙，即使将他千刀万剐，也难解我心头之恨！"

75岁那年，他终于卧床不起。弥留之际，一位德高望重的禅师来到他的床边："已经过去那么多年了，你为何还如此耿耿于怀呢？"

禅师的话音刚落，病床上的他便声嘶力竭地叫喊起来："我怎么能释怀？那个将我陷于不幸的人现在还活着，我需要的是诅咒，诅咒那个使我遭遇不幸的人！"

禅师问："你因受委屈在监狱里待了多少年？离开监狱后又生活了

多少年？"

他恶狠狠地告诉了禅师。

禅师长叹了一口气："你真是世上最不幸的人，他人的陷害使你在监狱中度过了10年，而当你走出监牢，本应获得永久自由的时候，你却用心底的仇恨、抱怨、诅咒囚禁了自己近50年！"

有一位哲人说过："世界上没有跨越不了的事，只有无法逾越的心。"这个心一旦被自己封闭起来，就会变成"心域"，它不但会限制我们的潜质，更会影响我们对幸福的体悟。

对每个人来说，生活的航船一直在继续向前行驶，一直在演绎着痛苦、欢乐、奋斗的人生历程。我们不能总活在过去，前面还有很多事情等着我们去完成。

(1)找出那些消极的思想，不要让这些思想总是盘旋在你的脑海中，最好能把它一次排除，或者写在纸上，以后再去解决。

(2)客观地看待事实。分析自己每一个消极思想的谬误，就是换一种角度或者换一种身份来分析整个事件，或许你会发现自己真的好傻。

(3)大事化小。要善于把大事情变成小事，而不是把小事放大成大事。把复杂的情节简单化，这样，事情解决起来就会轻松许多。

(4)以合理的思想代替自暴自弃的思想，这是一种非常有效的方法，有利于人们建立起自信心，并把所有的忧郁一扫而光。

执著是一种精神,舍得是一种境界

生活中值得我们追求的东西很多,如果一味地纠缠在那些毫无意义的东西上,拼命地追求本该放弃的,本该苦苦追求的却毫不犹豫地放弃,到头来只会是竹篮打水一场空。

如果说执著是一种精神,那么舍得就是一种勇气和境界。

1.以舍为得,妙用无穷

人的天性从来就惯于"取"而不惯于"舍",古往今来,许多人在描绘自己的人生理想时,总是把"取"视为"理所当然",而将"舍"当做是"不应该"或"不得已"。

于是,往往有人感叹自己总是倒霉——

到了50岁还要为生活而奔波!

工作了几十年,到最后还是什么都没有!

当年不如我的人如今都比我强!

……

如果你认为,自我价值的体现是由一个又一个"取得"勾勒而成的"如意美景",那么,你就可能会一直倒霉下去——你会深陷欲望的陷阱而难于自拔。

哈兰·山德士是肯德基炸鸡的创始人,他曾自己经营了一家汽车

加油站,但不久受经济危机的影响,加油站倒闭了。第二年,他又重新开了一家带有餐馆的汽车加油站,但是一场无情的大火把他的餐馆烧光了。

他最终还是振奋了起来,建立了比以前规模更大的餐馆。可是,厄运又找上了他,因为附近另外一条新的交通要道建成通车,山德士餐厅受到很大影响。于是,哈兰·山德士放弃了餐馆,他不想再保留那个极为珍贵的专利——制作炸鸡的秘方,他决定卖掉它。于是,他开始遍访美国国内的餐馆,教给各家制作炸鸡的秘诀——调味法。每售出一份炸鸡,他可以获得5美分的回扣。

5年之后,出售这种炸鸡的餐馆遍及美国和加拿大,达400余家。后来,肯德基炸鸡店遍布全球,而哈兰·山德士自己也成了大富翁。

有人总想获得而不愿失去,他所获得的也就十分有限;有人不在乎失去,他所拥有的却超过了常人。

一次,美国前总统罗斯福家失窃,被偷去了许多东西,一位朋友闻讯后,忙写信安慰他,劝他不必太在意。罗斯福给朋友写了一封回信:"亲爱的朋友,谢谢你来信安慰我,我现在很平安。感谢上帝:因为第一,贼偷去的是我的东西,而没有伤害我的生命;第二,贼只偷去我部分东西,而不是全部;第三,最值得庆幸的是,做贼的是他,而不是我。"

以上的故事告诉我们,那些"天生幸运"的人,并不是比你聪明,比你优秀,只是,他们更懂得取舍。

"舍"是佛教的一个重要理念。《俱舍论》卷四、《品类足论》卷四等皆有记载,意谓"平等正直,无警觉之性,而住于寂静之心"。《大毗婆沙论》卷九十五、《瑜伽师地论》卷二十九均以舍为七觉支中的舍觉支。

不过,具体落实到人生的层面,却也往往不必作如此复杂的理解,

只要明了舍与得之间的关系,就能得到富有哲理的启发。俗话说:"人心不足蛇吞象。"人们在取与舍面前,总会更多地选择取,很少有人能真正放下贪婪的欲望,舍去不现实的一切。

渔人在捕鱼,一只鸢鸟飞下,叼走了一条鱼。很多乌鸦看见了鸢鸟口中的鱼,便聒噪着追逐鸢鸟。鸢鸟不论飞到哪里,满天的乌鸦都是紧追不舍。鸢鸟无处可逃,疲累地飞行,心神涣散时,鱼就从嘴里掉了下来。那群乌鸦朝着鱼落下的地方继续追逐。鸢鸟如释重负,栖息在树枝上,心想:我叼着这条鱼,让我恐惧烦恼;现在没有了这条鱼,反而内心平静,没有忧愁。

如果情爱是束缚,你能舍去情爱,不就得到自在了吗?如果骄慢是烦恼,你能舍去骄慢,不就能得到平静了吗? 如果妄想是虚妄,你能舍去妄想,不就能得到真实了吗? 如果挂碍是痛苦,你能舍去挂碍,不就能得到轻松了吗? 所以能舍什么,就能得什么,这是必然的道理。

舍,看起来是给别人,实际上是给自己。给人一句好话,别人才会回你一句赞美;给人一个笑容,别人才会对你回眸一笑。舍和得的关系,就如因和果,因果是相关的,舍与得也是互通的。

能够舍的人,一定拥有富者的心胸。他的内心一定充满了欢喜,所以才能把欢喜给你;他的内心一定蕴藏着无限的慈悲,所以才能把慈悲给你。自己有财,才能舍财;自己有道,才能舍道。

有一个民间故事:父亲乐善好施,经常给贫者布施,他反而家财万贯。而他的儿子却性情贪吝。等到父亲去世后,儿子掌权,千方百计搜刮别人的财富,最后天灾人祸,家遭不幸,一无所有。父子二人,一给一受,其得失有天壤之别,所以"以舍为得",诚信然也!

舍,在佛教里就是布施的意思。布施,就如尼拘陀树,种一收十,种十收百,种百可以结果千千万万。所以若希望自己长命百岁、荣华富贵、眷属和谐、名誉高尚、身体健康、聪明智慧,先要问一问自己——你有播下春时种吗?否则,秋天怎么会有收成呢?

走路时,不舍去后面的一步,便无法跨出向前的一步;作文时,不舍去冗长的赘语,便无法成为精简的短文;庭院里的花草树木,如果你舍不得剪去枯枝败叶,它就无法长出嫩绿的新芽;城市中,如果你舍不得破坏简陋的违章建筑,便无法建设市容整齐的现代大都会。

舍得是一种人生哲学,是为人处世的世界观和方法论的具体体现。舍得,舍得,先舍后得,舍在前,得在后;小舍有小得,大舍有大得,不舍则不得;有舍必有得,有得必有舍。舍与得,看似相悖,却是一个事物的两个方面,相生相克,又相辅相成,是既对立又统一的矛盾体。万事万物均在舍得之中归于统一,达到和谐。

2.学会豁达,丢失的东西抱怨一次就够了

如果是主动舍弃,或许人们的烦恼不会有那么多,偏偏生活中有很多东西是被迫舍弃的。于是,很多人常常会因为失去一些曾经拥有的东西而无比心痛,或者因过去的某个过错而一直耿耿于怀,不肯轻易原谅自己。

但一味地追悔过去,只会令自己困在死胡同里,进而让事情变得更糟糕,让自己的内心永远得不到安宁。正如莎士比亚所说:"一直悔恨已经逝去的不幸,只会招致更多的不幸。"

想要不为过去的种种烦恼,唯一的方法就是学会豁达。

豁达的人,往往是乐观的人。而所谓乐观,按照某位哲人的说法,就是乐观的人与悲观的人相比,仅仅是因为后者选择了悲观。

豁达的人在遇到困境时，除了会本能地承认事实，摆脱自我纠缠之外，还有一种趋乐避害的思维习惯。这种趋乐避害，不是为了功利，而是为了保持情绪与心境的明亮与稳定。这也恰似哲人所言："所谓幸福的人，是只记得自己一生中满足之处的人；而所谓不幸的人，是只记得与此相反的内容的人。"每个人的满足与不满足，并没有太多的区别，幸福与不幸福相差的程度，却会相当巨大。

仔细观察分析一个心胸豁达的人，你往往会发现，他的思维习惯中有一种自嘲的倾向。这种倾向，有时会显于外表，表现为以幽默的方式、用自嘲的方式摆脱困境。

自嘲是一种重要的思维方式。每个人都有许多无法避免的缺陷，这是一种必然。不够豁达的人，往往拒绝承认这种必然。为了满足这种心理，他们总是紧张地抵御着任何会使这些缺陷暴露出来的外来冲击。久而久之，心理便成为脆弱的了。一个拥有自嘲能力的人，却可以免于此患。他能主动察觉自己的弱点，而且不会去尽力掩饰。

从根本上来说，一个尴尬的局面之所以形成，只是因为它使你感到尴尬。要摆脱尴尬，走出困境，正面的回避需要极大的努力，但自嘲却为豁达者提供了一条逃遁出去的轻而易举的途径——那些包围我的，本来就不是我的敌人。于是，尴尬或困境，就在概念上被取消了。

豁达也有程度的区别，有些人对容忍范围之内的事，会很豁达，但一旦超出某种极限，他就会突然改变，表现出完全相异的反应方式。最豁达的人，则具有一种游戏精神，将容忍限度扩大。

有这样一个故事：一个身经百战、出生入死、从未有畏惧之心的老将军，解甲归田后，以收藏古董为乐。一天，他在把玩最心爱的一件古瓶时，不小心差点脱手，吓出一身冷汗，他突然若有所悟："当年我出生入死，从无畏惧，现在怎么会吓出一身冷汗？"片刻后，他悟通了——因为我迷恋它，才会有忧患得失之心，破了这种迷恋，就没有东西能伤害

我了，遂将古瓶掷碎于地。

豁达者的游戏精神，即是如此。既然他把一切视为一种游戏，尽管他同样会满怀热情，尽心尽力地去投入，但他真正欣赏的，只是做这件事的过程，而不是目的——游戏的乐趣在于过程之中。那么，他也就解脱了得失之心的困扰。

有一个人，他的性情并不很开朗奔放，但他对待事情几乎从不见有焦躁紧张的时候。这并不是他好运亨通。细细观察体会，我们发觉他有一些与众不同的反应方式：比如，他被小偷扒走了钱包，发现后叹息一声，转身便会问起刚才丢失的身份证、工作证、月票的补办手续。一次，他去参加电视台的知识大赛，闯过预赛、初赛，进入复赛，正扬扬得意，不料，却收到了复赛被淘汰的通知书。他发了几句牢骚。中午，却兴致勃勃又拜师学起桥牌来。

这些，反映出他的一种很本能的思维方式，那就是承认事实。事实一旦来临，不管它多么有悖于心愿，也毕竟是事实。大部分人的心理会在此时产生波动抗拒，但豁达者的兴奋点会迅速地绕过这种无益的心理冲突区域，马上转到下边该做什么的思路上去了。事后，也的确会发现，发生的不可再改变，不如做些弥补的事情后立刻转向，而不让这些事在情绪的波纹中扩大它的阴影。

这堪称是一种最大的心理力量。生活中我们常常为自己失去的东西难过，甚至明知已不可挽回，也不肯让自己去积极地排解。其实，在许多豁达者的眼中——任何一种失去都会诞生一种选择，任何一种选择都将有新的机会，失去了一些以为可以长久依靠的东西，自然会难过，但其中却隐藏着无限的祝福和机会。失去的时候，向前看，永远向前看——过了黑夜就是黎明。

如何做个豁达人呢？要记住三个要点，并不断提醒自己。

(1)上一刻归咎于回不来的过去。

时间是一件神奇的东西，它雕刻生命的年轮，推移世态的变迁，是最有效的疗伤良药，也是最无情的过客。世界上没有谁能够左右时间，过去的一切都会随时光定格在过去的某一时间刻度，无法超前，更无法错后。上一刻的悲伤或是快乐，对你来说，都只是生命中一个小小的符号，无法更改。所以，与其回望过去，不如专注于现在。

(2)把过去的痛苦和光辉放进历史。

过去的痛苦曾经让我们身心疲惫，甚至令我们深感屈辱。但是我们应该懂得，过去的已经过去，未来是由我们现在的思想所决定，由现在的行动所创造的。将过去的痛苦锁进历史，踏上新的征程，打造未来，才能获得成功，感受快乐。走出曾经的光环，就算它再夺目，也是属于过去的。专心于现在和未来，你的人生之路会更加绚丽。

(3)并非人人都是爱我的。

我们没有必要去喜欢自己认识的每一个人，因此，我们也没有权利要求所有人都喜欢自己。别太在意别人的眼光，走自己的路，让别人说去吧！人要有一颗豁达之心，当得不到别人的认可时，也照样可以活出自己的风采，对自己的每一天负责，相信自己能够做得很好。

幸福不设限，人生不需要完美

许多人觉得不幸福，并不是真的不幸福，而是他们过于追求完美，总希望把所有自己喜欢的东西都一把抓在手里，嫌自己这里不好、那

里不好,始终无法欣赏和接纳自己。可是,如果一个人事事追求尽善尽美,做人也要面面俱到,只会更加疲累。

每个人都不可能完美无缺,且能力也是有限的。上天如果给了我们卓越的能力,就可能不给我们健康的身体、美丽的容颜;或者如果他给了我们灿烂的人生业绩,就不一定会给我们悠闲的生活。没有人可以获得所有人的喜爱,没有人可以拥有一切。

幸福不设限,人生也无须处处完美。

1.幸福之道在于取舍——有些东西不必拥有

有一位老人,在他住所的西面有一片公共的小树林。每天早上,老人都会到那里去练太极,累了就和一些老人孩子坐在一起聊聊天、喝喝茶。可以说,小树林给他带来了很多快乐。

一天,老人想,要是那片小树林属于自己,那该多好啊!那样就没有小孩子进去在里面乱踢乱打、损坏树林了,他甚至还可以在小树林里建一栋小房子,静享清福。想到这些后,老人就找到了有关部门,将小树林买了下来,之后便忙着在里边种植花草,修建围栏。

经过一番打理,小树林变得比以前更漂亮了,老人的小木屋也在小树林里安了家。刚开始的一段日子,老人确实过得很快乐,但是后来,小树林给老人带来的烦恼接踵而至:要不要让其他的老人继续像以往一样到小树林里来散步?要不要限制小孩子跑进来嬉戏?如果让他们进来,那小树林还是自己的吗?如果不让他们进来,这里就死气沉沉的,没有一点活力。到了夏天,时常下雨,一场暴雨将小树林里的花草弄得凌乱不堪,很多花草都拦腰折断了,老人伤心得两天吃不下饭,此后还要天天看天气预报,怕暴风雨再次来临……结果,这一片小树林把老人弄得心力交瘁。这时候的他才感叹说:有些东西是不必拥有

的,拥有了反而会让自己不开心。

对于生活,对于爱情,每个人都怀着美好的憧憬和希望,希望自己什么都能拥有,希望自己喜欢的人能一辈子陪伴在自己身边。可他们却很少想过,自己根本就不可能拥有一切,以及有些东西不必拥有。如果你喜欢每天站在窗外唱歌的鸟儿,就想着要将它抓回来关在鸟笼里,你的确拥有了它,但同时你也失去了观赏小鸟翱翔蓝天的美好心情;如果你爱上了一个人,但你和她在一起只会彼此折磨,那为什么不放手,让她活得更快乐一点呢?

我们得到的越多,想要的就越多。正是由于这个原因,我们永远不能拥有一切。放开你的手,降低你的幸福底线,珍惜自己现在拥有的一切吧。如果你还想着去拥有你想要而得不到的,那么可能连你现在拥有的幸福都会失去!

生命是一个有趣的过程,当你还是孩子的时候,总盼望着能马上长大;而当你老去的时候,却又想回归童年。总之,人总是会追求一些自己没有的东西。这样只会把原本简单的生活复杂化,折磨得你寝食难安。

很多时候,复杂的生活反而会对你的事业及人生造成不良的影响;那些过简单生活,专注于一件事的人,却往往能得到更多。生命中,有些东西虽然看上去很好,但实际上并不适合你。因此,幸福生活,需要懂得取舍。

约瑟夫·熊彼特是20世纪全球最负盛名的经济学家之一。青年时代的他一心想成为全欧洲最有名的骑士、最令人羡慕的恋人和最优秀的经济学专家。后来,随着时间的推移,熊彼特发现,这三个目标要全部实现,几乎是不可能的。即使实现了,那也将会把自己搞得焦头烂额,毫无幸福可言。于是,他放弃了前面两个愿望,专心研究经济学,终

于在经济学上取得了巨大的成就。

鱼和熊掌不可兼得，有一个人有限的生命旅程中，要想有所成就，同时还过得快乐幸福，就必须要学会删繁就简。给自己列出一张生命的清单，把人生最重要的目标一项项列出来，并一一去实现它。人生的真谛就在于轻装前行，生命应该回归简单。

回望历史长河，因为没有目标而最终一事无成者固然很多，但因为目标过多，事事都力求完美，而致"出师未捷身先死，长使英雄泪满襟"的憾事也不少。这种人虽然有较强的能力，但因为心气过高，恨不得自己在每个领域内都有所成就，结果，由于超出了自己的能力极限，不仅力不从心，而且诸事不顺。

英年早逝的画家、导演陈逸飞，最后累倒在了《理发师》这部影片的拍摄现场，其敬业精神固然可嘉，但是却不值得他人效仿。有人这样评价他："生性好强、过于追求完美的陈先生绷紧了生命之弦与自己较劲，同时朝多个领域出击，连上医院的时间都舍不得拿出来。最后，影视界多了一部可有可无的《理发师》，中国却过早地失去了一位名画家。"

简单活着，不要同时想着要去做很多事。人生一世，草木一秋，眨眼即过。活得简单，才会活得快乐，而活得快乐，才算是拥有了幸福的生活。

生活再怎么平凡，一个能把一家大小的生活都照顾得很好的母亲，就已经有足够的理由值得我们尊敬了。不仅我们需要这样想，这些默默耕耘的人更需要有这样的自信。那些不懂得成功艺术的人，通常是那种不懂得从平凡中找出伟大的人。正如菲·贝利所说："不要光赞美高耸的东西，平原和丘陵也一样不朽。"

有一天，国王独自到花园里散步，看到花园里所有的花和树木都

枯萎了,园中一片荒凉,很是吃惊。询问了园丁后,国王了解到,橡树由于没有松树那么高大挺拔,因此轻生厌世死了;松树因为自己不能像葡萄藤那样结出许多果实,嫉妒死了;葡萄藤哀叹自己终日匍匐在架子上,不能直立,无法像桃树那样开出可爱的花朵,气死了;牵牛花叹息没有紫丁香那样的芬芳,病倒了……所有的花草树木都因为彼此美慕、彼此嫉妒而丧失了生命的光彩。最后,让国王转悲为喜的是,细小的安心草还在茂盛地生长着。

国王看了看平凡得不能再平凡的安心草, 问道:"小小的安心草啊,别的植物全都枯萎了,为什么你却这么乐观坚强,毫不沮丧呢?"

小草回答说:"国王啊,我一点也不灰心失望。因为我知道,如果国王您想要一株榕树,或是一株松柏、一些葡萄藤、一棵桃树、一株牵牛花、一棵紫丁香什么的,您就会叫园丁把它们种上,而我知道您希望我做小小的安心草。"

一位古代哲人说:"没有大烦恼与灾祸的日子,就是天大的幸福。"

古希腊哲人伊壁鸠鲁说:"幸福,就是身体的无痛苦和灵魂的无纷扰。"

安于平凡,才能像上面小故事中的安心草一样,没有烦恼地茁壮成长,将阳光和雨露当作上天对自己的最大恩赐,从而快快乐乐地生活。

做一棵安于平凡的安心草,幸福与成功两不误,何乐而不为呢?

2.没钱,也有享受幸福的权利

相信朋友们一定碰到过这样的事, 在约自己的朋友出去玩的时候,朋友会愁眉不展、一脸痛苦地回答说:"没钱怎么玩?"

没钱怎么玩？这似乎已经成了时下某些人的口头禅。人们不禁会提出这样的疑问：没钱，难道就没有享受幸福的权利吗？

答案自然是否定的。在一定范围内，金钱能够带来幸福感，但绝对达不到垄断幸福的程度，因为金钱并不与幸福直接相关。除了金钱，幸福还有许多其他方面的决定因素。

穷人有穷人的生活乐趣，富人也有富人的痛苦。每个人都有自己的生活方式，快乐与否，不在于金钱的多寡，而在于以何种心态来对待自己的生活。幸福与快乐，绝不只是富人的专利。

一个冬天的下午，一男一女两个盲人进了一家小商店。男的挂着一根棍子，牵着女人的手，两个人都是30出头的样子。这时候，店员注意到了他们沾满泥水的脚上竟然没有穿袜子，缩在破旧鞋子里面的脚丫已冻成了青紫色。

两人摸索着移到柜台前，说："老板，我们想买两双棉袜。请拿给我们好吗？我们有钱。"

说完，就将手伸进破棉袄里掏了一把零钱出来。店员数了数这些揉皱的零钱，对他们说："这点钱只够买一双。"

男人有点为难，站在他身边的女人伸手拉了拉他的衣角，说："你腿脚不好，要不咱给你买一双算了，我就不要了。"

男人则说："说什么话，我是个男人，冷点没关系，我看还是给你买一双吧。老板，给拿一双颜色好看一点的。"

店员给他们拿了一双绿色的袜子，男人用手抚摸着说："手感还不错，质量一定好。老板，这袜子是什么颜色的？"

店员告诉他是绿色的，他听了摇了摇头："还是拿双红色的吧，我老婆穿红色的好看。"

他的话，让店员愣住了。当店员把一双红色的袜子递到男人的手中时，看到的却是令他感动一生的一幕：紧紧牵着丈夫衣角的女人，将

那双男人刚刚递给她的红棉袜捂在了自己的脸上，用鼻子闻了又闻，那张被冻得青紫的脸上竟然泛起了红晕。同时，在她那双含泪的眸子里，流露出了无比的感动与幸福。

男人蹲下身子，将女人脚上那双沾满泥水的鞋子脱下来，用自己破旧的衣襟给女人擦脚，还帮她磕掉沾在鞋子上面的泥水，然后才将红袜子小心地穿在她的脚上。之后，他站了起来，摸索着用手帮女人理了理被风吹乱的头发，并仔细地给她系好围巾，说："这下好了，脚不冷了。"女人则满足地点着头，由男人牵着走了。

放飞自己的心灵，不要让它被金钱囚禁。世上比金钱美好的东西很多，幸福并不一定要靠金钱去实现。

在儿子读小学二年级时，老师留了一项作业，要他们当小记者访问爸爸。共有6个问题，有一大半是资料性的，诸如在哪里工作、负责哪一方面的事，等等。其中的第五题是："爸爸的梦想是什么？怎么实现？"

爸爸说："我有三个愿望，第一个愿望是吃得下饭；第二个愿望是睡得着觉；第三个愿望是笑得出来。"

儿子看了看爸爸，说："别人的爸爸都有着伟大的愿望，做科学家、航天员什么的。你这愿望，存心就是害小孩。"

爸爸说："要不然，你照我的话写完之后，再写一篇《我眼中的爸爸》附在后面，让老师了解这不是你随便写的，而是你爸爸的本性就是如此。"

儿子觉得有道理，于是很快写了一篇没分段的作文。

第二天，爸爸问儿子："老师怎么说？"

儿子挠了挠头，有点不好意思地说："老师上课时叫我到前面，说我的访问和作文写得非常好，给了我98分，是全班的最高分，比班上的模范生还高，还把我的作文念给全班听。"

"那她有没有说为什么？"

"她说她先生的工作最近不太顺利，已经有好几天睡不着觉了，饭也吃得很少，爸爸的3个愿望很有意思。"

没钱，也有享受幸福的权利。当然，这不是让你放弃对目标和人生所需要的财富的追逐，而是让你在金钱外的点点滴滴中去积累人生，在平平淡淡中去寻求充实和快乐。

问问自己，你吃得下饭么？睡得着觉么？笑得出来么？

如果你吃得下饭、睡得着觉、笑得出来，那你还有什么好悲伤的呢？适当降低幸福的底线，牢记幸福这3个简单的条件，幸福生活一定会属于你。

3.接受真实的我——做精神的富翁，不为自己的缺点抱怨

人们总是很善于寻找自己外表上不如人的地方，比如个头不高、长相不佳、身材不修长等，而且对此的要求很严格。一旦找出来了，就会为此难过、抱怨、自卑。这些所谓的不如人的地方都属于先天形成的，而不是后天能够培养出来的，所以，再为此伤心也都是白费力气。

相反，对于自己性格方面的弱点，人们总是能够容忍、接纳，甚至毫不在意，即使这些弱点给自己的发展和提升造成了不利影响，也很少会想到改变。而事实上，性格都是后天培养的，是由习惯导致的，所以，改变也是可能的。

当一些人陷入这样的思维怪圈的时候，那就意味着他们无法从自己的努力和收获中感知快乐。因为，让他们烦恼的事情一生都不可能再发生变化，所以也就注定了他们一生大部分时间都是被烦恼、自卑

和抱怨占据的。这样的人生是悲哀的。

一个人对自己是喜欢还是讨厌，是衡量心理健康与否的一条重要标准。心理健康不仅要求能如实了解自己，而且还要对自己愉快地接纳。悦纳自己不是说要宽容或欣赏自己的缺点和错误，而是说自己虽然有这样或那样的不足，但仍然喜欢自己、不憎恨自己、不欺骗自己，并设法使自己发展得更好。

事实上，一个人想要掩盖自己的不足是徒劳的。与其为此耗费精力，还不如发挥长处，改变不足。

首先要坚持自己的特点，不为了别人的标准，或者所谓美的标准，而改变自己去迎合对方。

索菲亚·罗兰在电影界是一个响当当的人物，多数人都知道她曾荣获过奥斯卡最佳女演员奖，而她在16岁第一次拍电影时，遇到的麻烦却鲜有人知。

索菲亚·罗兰在第一次试镜头的时候，所有的摄影师都说她够不上美人的标准，都抱怨她的鼻子和臀部。没办法，导演卡洛只好把她叫到办公室，建议她把臀部减去一点儿，把鼻子缩短一点儿，假如她不整形，将是一个没有前程的演员。一般情况下，演员都对导演言听计从。可是，索菲亚·罗兰却没有听导演的，她相信自己，对自己有信心，认为这就是她自己的特色。

她回答道："我当然知道我的外形比起那些相貌出众、五官端正的女演员不算出色，甚至可以说有些弊病，但我觉得这些弊病组合在一起反而会让我更具魅力。我喜欢我的鼻子和脸本来的样子，虽说它们的确有些与众不同，但是，我为什么要追求与别人一样呢？至于我的臀部，的确有点大，但那也是我的一部分。我要保持我的本质，我不想因为别人的见地而转变自己。"

凭借这种无比强烈的自信和悦己精神，索菲亚·罗兰打动了导演，

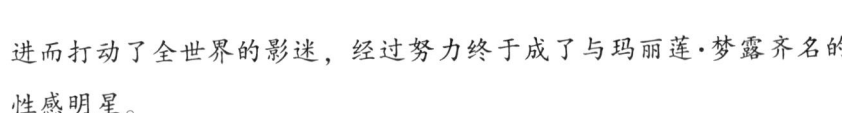

进而打动了全世界的影迷，经过努力终于成了与玛丽莲·梦露齐名的性感明星。

一个人对自己应有客观分析，只有自己最了解自己，不要让缺点和弱点掩盖了自己的优点和长处。抹杀了自己的优势，聪明才智和潜在能力就无从发挥。人只有爱自己，这个世界才会爱你。

那么，怎样才能正确评价自己，接受自己呢？

首先，要克服完美主义。

要知道，这个世界并不完美，家人、友人一样有缺点。十全十美是可遇而不可求的，所以，应当知足常乐。

要容忍体谅，不但要做到与他人相处容易，亦要做到对自己的行为不致苛求。不要做时钟的奴隶，尽可能地在时间限制内完成工作，记住"欲速则不达"。要明白，讨好所有的人是不可能的。"受欢迎"的本意是使他人赏识你本人，而不是你的最好表现。尝试一下"言所欲言"，坦诚和直率能消除许多障碍与心理压力。要对自己有信心，你和任何人一样有可取之处。勿过分自责，任何人都有彷徨的时刻；不必为"爱"与"恨"过分担心；勿自悲自怜，你的遭遇并不重要，你对遭遇的反应才是最重要的。

其二，要做到真正了解自己。

自知者明，自胜者勇。你可以通过比较法（与同龄、同样条件的人相比较）、观察法（看别人对自己的态度）、分析法（剖析自己，了解自己的工作成果）等来认识、了解自己。

其三，要树立符合自身情况的奋斗目标。

这样会使你有机会充分发挥自己的才智，力所能及的胜利能增加你的自信心。

其四，要不断扩大自己的生活经验。

每个人都要经历适应环境的过程。在这一过程中，你也许发挥了

才干,也许暴露了缺陷。没关系,正反两方面的经验都将促进你对自己的了解。

最重要的,是诚实坦率、平心静气地分析自己。要有勇气承认自己在能力或品质上的缺陷,肯定自己的长处,扬长避短。

幸福的富有并不仅仅指物质富有,还包括精神富有。物质的富有只是满足了人需求的欲望,而精神富有则会让人感到生活更充实、快乐,这样的人生才更有意义。

学会了接受自己,还要学习讨好自己。因为做人,很多时候比的是心态。即使我们一无所有,我们至少还有自己,因为自己是无价的。你把自己看做无价,这个世界才把你看做无价。我们每个人都不是生活在真空里,事业上的挫折、人际关系的困扰、生活上的琐事、健康上的烦恼……多少都会摊上一两件,这些来自外界的影响和压力对我们来说都是不小的打击。如果我们不学会讨好自己,无法培养出一个开朗、自信、乐观的心境去面对现实的话,不知道什么时候就会被这些影响和压力打垮了。

心理学博士凯伦·撒尔玛索恩女士说:"我们的生活有太多不确定的因素,你随时可能会被突如其来的变化扰乱心情。与其随波逐流,不如有意识地培养一些让你快乐的习惯,随时帮助自己调整心情。"讨好自己,说白了就是让自己快乐起来。

让自己快乐的办法有很多,成功学大师拿破仑·希尔为我们列出了以下几点。

(1)你可以对自己有很高的评价。

成功的人物都对自己有很高的评价,这需要积极的思想做动力。你有了这种思想,就会一直超越、一直前进。这些积极的思想包括,在自己所认识的人中,你最有资格做这件事情,你要把自己的奋斗目标定得更高些……

你要常问自己:我是否已经使用了我最大的智慧与能耐?如果答

案不是百分之百,那么你就应该做些改变。而首要的改变应是,把消极思想换成积极思想。所谓消极思想包括:我的条件还不够资格做那件工作;我将一直处在贫穷之中;比我更具资格的人真是多如过江之鲫。你一旦陷入这样平庸的思想之中,将会停滞不前,直到你的思想有所改变为止。

(2)你可以让自己显得很重要。

每个人都认为自己很重要。但是,只有当人们感到迫切需要你的时候,你才真正变得重要。为达到这个目标,有一个办法可供参考:提高自己的知名度。首先,你要吃透一个习俗:那些忙碌的人物,都被看成人们最迫切需要的人。利用这个习俗,你可以找到提高知名度的有效办法。那就是,你可以为自己创造一种忙碌的形象,使别人知道你的顾客很多,你的崇拜者很多……总之,任何你所想要的美好事物,都可以给人留下一种"你已经有了很多"的印象。

一旦人们知道你是他们迫切需要的人,你的事业就会跟着繁荣兴旺起来。如此良性循环下去,你目前的繁荣兴旺就会引来更大的繁荣兴旺,从而使你的事业永远长盛不衰。

一个人能不能获得成功,并不在于他目前已经拥有了多少,而在于他正在计划要得到多少。为此,你应该制订一个增加自我价值的计划。自我评价决定了别人对你的评价,这是一条定律。别人对你的评价高了,正显出你的重要。

(3)你可以有充分的自尊。

对于每个成功者来说,最珍贵的财产就是"对自我的尊敬"。只要能保持这份自我尊敬,你就能保持完美生活所必需的诸多要素:拥有朋友、被人崇拜,以及被人接纳。

延伸阅读：帮助自己爱自己

1.写下10个优点，写完之后默念3遍，然后闭上眼睛，在心中再默念3遍。

2.睁开眼睛，伸出双手，请别人压一压。

3.写下10个缺点，写完之后默念3遍，然后闭上眼睛，在心中再默念3遍。

4.睁开眼睛，伸出双手请别人压一压，体会一下是什么感觉。

相信你实验的结果是在默念优点之后，伸出的双手很难被压下来。为什么？因为它变得较有力。这个小试验就是让你具体地体验一下负面的、消极的及正面的、肯定的思想对一个人整体(生理、心理及精神的整合)的影响。

有一个美国医生曾做过一个研究：200名参加宴会的宾客品尝了同样的食物之后，其中一半人食物中毒，但另一半人却安然无恙。他觉得好奇，想了解其中的奥妙，结果发现那些未中毒的人生活态度较积极，自我价值极高，对事情较看得开，处事较有弹性。用精神心理学的话来说，就是他们的心灵力量较大、较强。换句话说，心能越大，人就越健康，因为免疫系统较强些。

其实，心能的大小强弱对人的各方面都有影响，医生、心理学家等早已提出了各种理论与实验结果。而心灵的力量是很容易培养的，因为人的心灵很单纯，唯一的要求就是要相信自己、肯定自己。相信自己是个好人，勤奋、努力、认真、节俭，肯定自己的大方、仁慈、善良……但是，要人相信自己的最大困难，就是人总是喜欢与别人比较：我不够好，因为别人比我更好；我不够仁慈，因为他比我更仁慈；我不够漂亮，因为……

人们总是有理由否定自己。人是很有意思的动物，许多人很难爱

自己却要求得到别人的爱；看到自己都是缺点，但当别人指出那些缺点时却不高兴；看不到自己的优点，但当别人指出优点时却不能相信与接受。

针对这几点，可用以下方法来改善。

第一，跳出"与别人比较"的模式，而成为"与自己比较"的独立的自我。做到这点很不容易，因为我们从小到大所受的教育与社会影响多半是与别人比较，我们已经养成了习惯，但习惯是可以改变的。凡事起头难，最好找一个好朋友一起做，彼此鼓励，彼此切磋与支持。

第二，写下你所有的优点。在很多场合，要求参与者写下优点时，他们会觉得很困难；但要他们写缺点时，却又快又好。所以，请大家花一点时间想想自己的优点，若想不出来，就问朋友或家人。有时候，我们的优点在别人眼里特别明显，而我们自己却知道得不多。

第三，每天早上、中午及晚上念3遍自己的优点。刚开始可能会觉得不自然甚至有些虚假，但在做了一段时间之后，你会发现优点增加了。

第四，每天记下自己所做的事，在好事、好的表现，如"努力"、"认真"、"勤劳"等上面打一个记号；在需要改进的事及欠缺的方面，如"骄傲"、"懒惰"等上面打一个记号，在晚上做一个总记录。做完记录之后，好好地欣赏与肯定自己所做的好事；对需要改进的事则告诉自己说：今天我有些自私，明天我会改进，会做得更好。要谢谢今天所发生的一切人、事、物，感谢它们使你有学习、改进和成长的机会。

第五，用幽默的态度"嘲笑"自己做得不够好的地方，而不要严肃地责怪自己。

学会热爱自己了吗？如果是，那么接下来你还要学习怎样去热爱他人。

恩慈篇

给他人一份宽怀

能容天下的人才能为天下人所容,所以凡是一个能创大事业的人一定要有容忍人的度量。容忍小人虽然在实际上很难做到,但为了事业上的成功,为了照顾大局,就必须有"宽容处世,雅量容人"的胸襟。如果说谦让是美德,那容人同样是美德。

——延参法师谈"对待他人"

第一章

人心不是靠武力，
而是靠爱和宽容大度征服的

荷兰的斯宾诺沙说过：人心不是靠武力征服，而是靠爱和宽容大度征服的。

对于宽容之心的可贵，有人曾说："人世间的所有美好，都出自于人心里面的'宽容'，一点点宽容之心，就能给世界带来极大的好处。如果我们都能宽容待人，哪里还会有那么多的问题呢？"

宽容，是对别人的一种恩慈，同时也体现了自己的修养。

宽容是对别人的一种恩慈

人的心本不是透明的,但当你慢慢尝试去宽容后,它便伴着岁月的苍茫,成了水晶透明的。此时你便是无价的,因为你拥有了一颗与众不同的心,它会释放灿若朝霞的光芒,能够温暖每一个得到宽容的人。这时,你会感到很舒坦。

1.对于所受到的伤害,宽容比复仇更有用

人生在世,免不了要和别人相处,由于每个人的文化水平、工作生活、性格爱好等都不同,难免会发生磕磕碰碰和矛盾冲突,严重的甚至就会产生仇恨的心理,导致兄弟反目、婆媳不和、同事争执等。其实,有些矛盾只是些小矛盾,只要有一方豁达一些、大度一些,该宽容的宽容,该忘记的忘记,问题就会迎刃而解,干戈也会化为玉帛。

然而,现实中,总有那么一些人,心胸狭隘、小肚鸡肠,处事总是持"宁可我负人,不可人负我"的态度,对别人的不是总会斤斤计较,最终弄得小事化大,使矛盾进一步恶化。

从前,有一个穷秀才在集市上卖字画。有一天,他看见不远处前呼后拥地走来一位富家少爷。秀才知道这位富家少爷的父亲在年轻时曾经欺辱、迫害过自己的父亲,自己的父亲也因此忧郁而死,秀才的心底不由地涌起一阵仇恨的情绪,但这位少爷并不了解这一切。

这位少爷被秀才的一幅花鸟画深深吸引住了。他在画前流连忘返,不愿离去,想要买这幅画。秀才却将画收了起来,并声称不卖给他。这位少爷是位痴情任性的人,对那幅画始终难以割舍,不能忘怀。从此以后,他便因为这幅画求而不得而得了心病,日渐憔悴。

最后,少爷的父亲出面了,表示愿意为这幅画付一笔高价。可是秀才宁愿把画挂在他家堂屋的墙上,也不愿意卖给他。秀才阴沉着脸坐在画前,自言自语地说:"这就是我的报复,父债子偿。"少爷的父亲没有买到画,失望地回去了。没过几天,那位少爷就死了。

可是秀才却没有得到报复后的快感,他连日梦见那名小少爷天真的笑脸,这使他的良心受到了谴责,终日痛苦不已。有一天,他应人要求画一幅佛像。可是,他画着画着,就觉得佛像与自己以往画的佛像有很大的差异,这使他苦恼不已。他费尽心思地找原因,突然惊恐地丢下手中的画笔,跳了起来:他刚画好的佛像的眼睛,竟然是他心中仇人的眼睛,连嘴唇也是那么相似。他把画撕碎,高喊道:"我的报复又回报到我的头上来了!"

生活就是这样,面对别人的伤害,若一定要以其人之道还治其人之身,最后的结果与其说是报复了自己的敌人,不如说是更深地伤害了自己。

因此,不要对别人的伤害耿耿于怀,用别人犯下的错来惩罚自己,使自己痛苦,实在是太不明智了。

"当你伸出两只手指去指责别人时,余下的三只手指恰恰是对着自己的。"宽容的父母常用这句话教育他们的孩子。

圣人说:"怀着爱心吃蔬菜,也要比怀着怨恨吃牛肉好得多。"

有个青年,总是愤世嫉俗,在学习、生活、工作中遭遇了许多误解和挫折。由于得不到别人的理解,渐渐地养成了以戒备和仇恨的心态

看待他人的习惯，总是对别人的小错误斤斤计较，仇恨那些不理解自己的人，结果人际关系十分紧张。在压抑郁闷的环境中，他感觉整个世界都在排斥他，因此度日如年，几乎要崩溃。

有一天，他出门散心，登上了一座景色宜人的大山。坐在山上，他无心欣赏优美的风景，想着自己这些年的遭遇，内心的仇恨像开闸的洪水一样涌来。他忍不住大声对着空荡幽深的山谷喊："我恨你们！我恨你们！我恨你们！"话一出口，山谷里传来了同样的回音："我恨你们！我恨你们！我恨你们！"他越听越不是滋味，于是又提高了喊叫的声音。他骂得越厉害，回音就越大越长，扰得他更加恼怒。

就在他再次大声叫骂后，身后传来了"我爱你们！我爱你们！我爱你们"的声音。他扭头一看，只见不远处的寺庙里，一方丈正冲着他喊。

片刻后，方丈微笑着向他走来，笑着说："倘若世界是一堵墙，那么爱就是世界的回音壁。就像刚才我们的回音，你以什么样的心态说话，他就会以什么样的语气给你回音。爱出者爱返，福往者福来。为人处世，许多烦恼都是因为对别人斤斤计较、怀恨在心而产生的。你热爱别人，别人也会给你爱；你去帮助别人，别人也会帮助你。世界是互动的，你给世界几分爱，世界就会回你几分爱。爱给人的收获远远大于恨带来的暂时的满足。"

听了方丈的话，青年愉快地下了山。回去后，青年开始以积极、健康、友爱的心态对待身边的一切。他和同事之间的误解没有了，没有人和他过不去了，工作比以往顺利了，他自己也比以前快乐多了。

生活中没有永远的仇人，只要心中的怨恨消失了，仇人也能变成朋友。如果我们的仇人了解到我们对他的怨恨使我们精疲力竭，使我们疲倦而紧张不安，甚至使我们折寿的时候，他们不是会拍手称快吗？我们为什么要用仇人的错误惩罚自己呢？

即使我们不能爱那些仇人，至少要做到爱自己。我们要使仇人不

能控制我们的快乐、健康和外表。就如莎士比亚所说："不要由于你的敌人而燃起一把怒火，让心中的烈焰烧伤自己。"

所以，不要浪费时间去做那些毫无意义的报复，不要让自己的心因为报复更加痛苦。

美国第三任总统杰斐逊与第二任总统亚当斯从交恶到宽恕，就是一个生动的例子。

杰斐逊在就任前夕，到白宫去想告诉亚当斯说，他希望针锋相对的竞选活动并没有破坏到他们之间的友谊。但据说杰斐逊还没开口，亚当斯便咆哮了起来："是你把我赶走的！是你把我赶走的！"从此，两人没有交谈达数年之久。直到后来杰斐逊的几个邻居去探访亚当斯，这个坚强的老人仍在诉说那件难堪的事，但接着冲口说出："我一直都喜欢杰斐逊，现在仍然喜欢他。"邻居把这话传给了杰斐逊，杰斐逊便请了一个彼此皆熟悉的朋友传话，让亚当斯也知道了他的深重友情。

后来，亚当斯回了一封信给杰斐逊，两人从此开始了美国历史上最伟大的书信往来。

这个例子告诉我们，宽容能将敌意化解。

戴尔·卡耐基在电台上介绍《小妇人》的作者时，心不在焉地说错了地理位置。其中一位听众就写信来骂他，把他骂得体无完肤。他当时真想回信告诉她："我把区域位置说错了，但从来没有见过像你这么粗鲁无礼的女人。"但他控制住了自己，没有向她回击，他鼓励自己将敌意化解。他自问："如果我是她，是不是也会像她一样愤怒呢？"他尽量站在对方的立场上来思索这件事情。他打了个电话给那位听众，再三向她承认错误并表达道歉。这位太太终于表示了对他的敬佩，希望能与他进一步深交。

忍一时风平浪静,退一步海阔天空。对于别人的过失,必要的指责无可厚非,但不能一直抓着不放,要以博大的胸怀去宽容别人。

安德鲁·马修斯在《宽容之心》中说过这样一句启人心智的话:"一只脚踩扁了紫罗兰,它却把香味留在那脚跟上,这就是宽容。"富兰克林说:"对于所受到的伤害,宽容比复仇更有用得多。"

以宽容之心度他人之过,世界会变得更加精彩。

2.宽容是必修的人脉课

战国时,楚王宴请臣下。灯忽然熄灭,一位醉酒的将军拉扯楚王妃子的衣服,妃子扯下了将军的帽缨,要求楚王追查。楚王为保住将军的面子,下令所有的人一律在黑暗中扯掉自己的帽缨,然后才重新点灯,继续宴会。后来,这位被宽容了的将军以超常的勇武为楚国征战沙场。

可见,宽容的力量是巨大的。批评会让人不服,谩骂会让人厌恶,羞辱会让人恼火,威胁会让人愤怒,唯有宽容让人无法躲避、无法退却、无法阻挡、无法反抗。

蔺相如对廉颇傲慢无礼的宽容忍让,最终感化了廉颇,使之自愿负荆请罪,留下了千古美谈将相和,使赵国虽小而无人敢犯;周总理以其容纳天地的博大胸怀,在外交上奉行求同存异、和平共处方针,造就了他伟大的人格,树立了中华民族的大国风范。同样,邻里间的团结和睦需要宽容,夫妻间的白头偕老离不开宽容,一个健康文明进步的社会处处离不开宽容。假如没有了宽容,则国与国之间会兵戎相见,人与人之间会拳脚相加,社会将因此变得黯然。

所以说,在现代社会,宽容是必须修炼的一门人脉课。

首先,学会宽容,就学会了做人的责任。

"相逢一笑泯恩仇"是宽容的最高境界,但能做到的人并不多。即使如此,我们也不应放弃这种追求。因为忘却别人的过失,以宽容的心态对人,以宽阔的胸怀回报社会,是一种利人利己、有益社会的良性循环。屠格涅夫曾说:"不会宽容别人的人,是不配受到别人的宽容的。"所以,当你宽容了别人,在自己有过失或错误的时候,也往往能得到他人的宽容。

禅宗有一则公案。有位将军向白隐禅师问道:"真的有天堂和地狱吗?"禅师反问:"你是做什么的?"问者自得地说:"我是一个大将军。"白隐禅师大喝一声:"是谁有眼无珠请你当将军? 你看来倒像是个屠夫!"将军闻言怒不可遏,拿起腰间的刀做势要砍向禅师。禅师即说:"地狱之门由此开。"将军惊觉自己失态,即收起嗔怒心,向禅师作礼。禅师说:"天堂之门由此开。"

"虽然我不同意你的观点,但我誓死捍卫你说话的权利。"这是法国启蒙思想家伏尔泰的一句呐喊,这体现了一种对"异见"的胸怀,是一种高层次的包容。

其次,要做到合作和良性竞争,宽容是最基本的要求。

"不论是学佛还是处世,包容的智慧都弥足珍贵。"真正的佛法,对于世间的一切都是恭敬的,这是佛的精神。所以,即使你不信佛法,也应该学会佛法倡导的包容精神。

人和人对事物的理解总会有些不同,所以我们一定会遇到不同意见。如果不能宽容地对待别人的异议,我们将寸步难行;相反,如果能够相互尊重、相互包容、求同存异、真诚相对,那么就会拥有良好的人际关系。

我们不能要求世事都如自己所愿,更不能强求所有人的观点都和

自己一样,人的差异性不可避免。所以,我们要尽量在客观上做到求同存异,即寻找相互之间相同地方的同时,尊重客观存在的差异性,从而实现相互之间的合作。

要做到求同存异,相互之间的宽容是最基本的要求。

有个人非常不善于和人打交道,经常与人发生口角。后来,他向一位大师请教:"我总是容易和别人发生矛盾,因为他们总是拿出一些我不能接受的意见,您说我该怎么办?"

大师想了一会儿,说道:"你说水是什么形状的?"

此人见大师"词不达意",茫然地摇头说:"水哪有形状?"

大师默然舀起一瓢水,将水倒进一只杯子。

这人似有所悟:"我知道了,水的形状像杯子。"

大师又把水倒进花瓶里。这人很快又说:"哦,这水的形状像花瓶。"

大师不语,将花瓶里的水倒入一个装满泥土的盆中。水很快就渗入土中,消失不见了。这人陷入了沉思。

这时,大师感慨地说:"看,水就这么消失了,这就是人的一生。"

那个人沉思良久,忽然站起来,高兴地说:"我知道了,您是想通过水告诉我,我们身边的人就是不同的容器,想与他们相处得好,就要把自己变成可以倒入各种容器中的水。是不是这个道理?"

大师微笑着说:"你现在已经有所得,但还不完全正确。"看着重新陷入迷思的信徒,大师接着说:"水井里的水,河里的水,海里的水,他们虽然有不同的形态,可是他们却都是水。"

这个人恍然大悟:"人其实也应该像这水一样,能够顺应和包容外界的变化,但是却永远不改自己的本色。"

大师笑着点了点头。

对于那些生活中的不同意见,我们应该像水一样去包容。水之所以能在不同的环境中存在,就是因为水"不较真"。它没有自己的形状,但却从来不改变自己的本质。道家也非常推崇水的意义,他们说"水善利万物而不争",其实也是在赞叹水的宽容。

宋朝郭进做西山巡检时,有个官吏因为与他有点小过节,一直对他怀恨在心,后来还跑到朝廷去控告他。宋太祖召见了这个官吏,经过一番审讯后,发现他是由于仇恨在诬告郭进。于是,宋太祖命人把他绑起来交给郭进,任郭进处置。当时,大多数人都建议郭进杀了这个人,但郭进没有那样做。因为郭进知道这是个人才,如果杀了他,就是国家的损失。当时正值敌人来袭,郭进就对这个官吏说:"你敢到皇上面前诬告我,证明你确实有些胆量。如果你能攻占敌人的一城一寨,我不但赦免你的死罪,并且还能赏你一个官职。"这个官吏感谢郭进的不杀之恩,将敌人的一个城诱降过来了。郭进不记前仇,向朝廷推荐了他,使他得以提升,做了一员武将。

香港商业巨人李嘉诚所创建的公司均以"长江"作为字号。起初涉足塑胶业,他把塑胶厂取名为"长江塑胶厂";后来又转为房地产业,将其公司命名为"长江地产有限公司";随着规模扩大,又改名为"长江实业"。李嘉诚为何对"长江"二字如此青睐?他说:"长江,容纳百川,不择细流。"

是的,在商场上,对自己构成危害的人与事实在太多了,如果一一追究,恐怕就不会有精力去打理自己的生意了。只有用一颗宽厚博爱之心对待别人,做到良性竞争,才能不断壮大自己,最终获得成功。

再次,宽容能使人的性情更加温和,同时也能影响别人,也许还能给我们带来意料之外的好处。

古代有一个禅院，里面住着一位老禅师。有一天晚上，禅师独自在院子中散步，发现墙角放着一把椅子。

"这肯定是禅院里哪个不守规矩的小和尚越墙出去溜达了！"老禅师心想。他随手把椅子挪开，然后自己蹲在那里。

不久，果然有一位小和尚翻墙进来。他没有看到椅子已经不在，取而代之的是自己的师父，就踩着禅师的背跳进了院子。跳下来后，小和尚才发现刚才踩的是自己的师父，不禁大惊失色。

只见老禅师站起身来，拍了拍身上的灰尘，以平和的语气说："天冷夜深，当心着凉。"说完就走了。

这位禅师的宽容让小和尚深感内疚。此后，他再也没做过违规的事。

禅师的肚量和宽容，给了弟子接受教育和成长的机缘。

僧人懂得宽容之道，所以能让弟子们在潜移默化中得到教益。在现实生活中，我们若能宽待身边的每一个人，那么处处都会变得和睦融洽，我们所生活的世界也会因此成为人间净土。

爱和宽容是成功的最高境界

美国试飞员胡佛，有一次驾驶一架飞机升空试飞。在任务马上就要完成时，飞机的引擎却突然熄火，整个飞机都失去了控制，从空中急速下坠。当时情况极其危险，但是胡佛以高超的驾驶技术，冷静地采取了应急措施，使飞机安全着陆。

事后，当人们检查故障时发现，原来这次飞机事故的原因是机械

师加错了燃油。也就是说,这个粗心大意的机械师险些要了胡佛的命。

知道这个结果的时候,机械师吓得魂飞魄散,他以为胡佛一定会勃然大怒,甚至会把自己开除掉。但是胡佛却走到他的跟前,紧紧拥抱机械师,对他说:"我相信你以后不会再犯类似的错误了,所以你以后接着为我保养飞机吧。"胡佛宽容了机械师的特大错误,机械师在以后的工作中也更加认真,两人还因此成为了朋友。

宽容就是有这样的魔力。很多名人用他们的成功告诉我们:爱和宽容,是成功的最高境界。

1.学会在宽容中壮大——人越是成功,所受的委屈也就越多

人生在世,注定要受许多委屈。而一个人越是成功,所遭受的委屈也就越多。智者懂得隐忍,往往选择原谅周围的那些人,让自己在宽容中壮大。

有一天,一个强盗突然闯进禅院,朝着正在打坐的七里禅师恶狠狠地说:"快把你们禅院的钱都拿出来,不然就对你不客气了!"

七里禅师平静地指着一个木柜,说:"所有的钱都在里面,你自己去取吧!不过,希望你能够给我们留下一点,因为禅院快要没米了。"

强盗得手后,就急着逃走。这时,七里禅师说:"你等等。"

强盗不解地问:"你想干什么?"

"收了别人的东西,应该说声谢谢才对啊!"七里禅师认真地说。

强盗迟疑了一下,对禅师说:"谢谢。"然后就跑了。

天网恢恢,疏而不漏,这个强盗最终还是被捕了。衙役把他带到七

里禅师面前,问七里禅师:"这个人曾经抢劫过你,是吗?"

强盗非常惶恐地看着七里禅师,他知道,只要对方说一声"是",自己的下半生就将在监狱里度过。他心想:"我完了,七里禅师没有理由不指证我。"

但是令人万万没有想到的是,七里禅师竟对衙役们说:"他没有向我抢钱,是我自愿给他的,而且他也谢过我了。"

就这样,强盗逃过了一劫。但是由于他还曾在其他地方犯过案,所以被衙门处以一年监禁。

在监狱中,强盗始终在想:"七里禅师为什么没有揭发我呢?难道仅仅是因为自己对他说了声谢谢,他就宽恕了我的罪过吗?"这个问题始终困扰着强盗,但他也由此对七里禅师产生了敬重之心。从前,他在做坏事时,总觉得自己已经堕落了,无论自己将来如何改变,别人都不会宽恕自己。但是现在,强盗终于明白,还有人能够宽恕自己的愚蠢和邪恶,这人就是七里禅师。

强盗服刑期满之后,立刻来叩见七里禅师,真诚地恳请禅师收他为徒。

七里禅师笑着对他说:"我可以宽恕你的罪恶,但是这还不够,你自己必须要宽恕自己才行。从前的事情,你都忘了吧!从今往后,宽恕自己,宽恕别人,让你的生命重新开始。"

强盗顿悟,从那以后和七里禅师一起修禅行道,终成一代高僧。

七里禅师的宽容之心,能够让强盗走上正途,可见,宽容是一种多么强大的人格魅力。原谅他人一时的过错吧!凡事无需锱铢必较,不必耿耿于怀,做到这一点,你将会赢得更多的尊重。

《法华经》有云:"我深敬汝等,不敢轻慢。所以者何?汝等皆行菩萨道,当得作佛。"古人也说:"敬人者,人恒敬之!""我敬人一尺,人敬我一丈!"宽容确实是一种博大的情怀,能够包容人世间的一切悲苦。宽

容也是一种境界,它能使你得到世人的尊重,使人生跃上新的台阶。

人一生的福气有许多种,但其中最可靠的,就是宽容和爱。因为这种福气并不来自外界,而是完全发自人的内心。拥有了宽容,就拥有了佛家所说的"福报",生命也会因宽容而获得升华。

2.赠人玫瑰,手留余香——今天你成他人之幸福,明天他人成你之幸福

乔治·艾略特说:"如果我们想要更多的玫瑰花,就必须种植更多的玫瑰树。"或许,生活本来就没有不平凡的含义,而在于你如何看待它、如何对待它。理智而达观的人对别人不会期许太多,因为他明白:你如何对待别人,别人也会如何对待你。要走进别人的心里,自己要首先敞开胸怀。

两个钓鱼高手一起到鱼池垂钓。

两人各凭本事,一展身手,没过多久,两人各有收获。

忽然间,鱼池附近来了十多名游客。他们看到这两位高手轻轻松松就把鱼钓上来了,十分羡慕,于是都到附近去买了一些钓竿来钓鱼。

但这些不擅此道的游客怎么钓都毫无成果。

话说,那两位钓鱼高手的个性相当不同。其中一人孤僻,不爱搭理别人,单享独钓之乐;而另一位却是个热心、豪放、爱交朋友的人。

爱交朋友的这位高手看到游客钓不到鱼,就说:"这样吧!我来教你们钓鱼,如果你们学会了我传授的诀窍,钓到了一大堆鱼,那就每10尾就分给我一尾,不满10尾则不必给我。"

双方一拍即合。

教完这一群人,他又到另一群人中,同样也传授钓鱼术,依然要求

每钓10尾回馈给他一尾。

一天下来,这位热心助人的钓鱼高手把所有时间都用在了指导垂钓者身上。虽然他自己没钓成鱼,可他却获得了满满一大筐鱼,还认识了一大群新朋友,被他们左一声"老师"右一声"老师"地叫着,备受尊崇。

而同来的另一位钓鱼高手却没有享受到这种服务于人的乐趣。当大家围绕着他的同伴学钓鱼时,他显得更加孤单落寞了。闷钓了一整天,他检视竹篓里的鱼,收获远没有同伴多。

在生活中,我们都希望得到别人的支持和理解,更希望得到别人的关心。古语有云:"己欲利,先利人;己欲达,先达人。"我们都处于一个大集体中,每个人都不可能孤立地存在,有时候,我们也需要别人的帮助。而在这个时候,站出来帮我们的往往就是那些我们曾经帮过的人。

因此,不要吝啬,不要小气,多帮帮别人,一声问候、一个鼓励的眼神、一句赞美的话,都会给他人带来快乐,也会给你带来意想不到的收获。

在日常生活中,难免会发生这样的事:亲密无间的朋友,无意或有意做了伤害你的事,你是宽容他,还是从此分手,或待机报复?有句话叫"以牙还牙",分手或报复似乎更符合人的本能心理。但这样做了,怨会越结越深,仇会越积越多,到时就真成"冤冤相报何时了"了。如果你在切肤之痛后,采取别人难以想象的态度宽容对方,表现出别人难以达到的襟怀,你的形象就会瞬时高大起来,你的宽宏大量、光明磊落也会使你的精神达到一个新的境界,让你的人格折射出高尚的光彩。宽容,作为一种美德,受到了人们的推崇,作为一种人际交往的心理因素,也越来越受到人们的重视和青睐。

二战期间，一支部队在森林中与敌军相遇。激战后，两名战士与部队失去了联系。这两名战士来自同一个小镇。

两人在森林中艰难跋涉，他们互相鼓励、互相安慰。十多天过去了，但他们仍未与部队联系上。这一天，他们打死了一只鹿，依靠鹿肉又艰难度过了几天。可也许是战争使动物四散奔逃或被杀光的缘故，这以后他们再也没看到过任何动物，仅剩下的一点鹿肉，背在年轻战士的身上。这一天，他们在森林中又一次与敌人相遇，经过再一次激战，他们巧妙地避开了敌人。

就在自以为已经安全时，只听一声枪响，走在前面的年轻战士中了一枪，幸亏只是伤在肩膀上。后面的士兵惶恐地跑过来，他害怕得语无伦次，抱着战友的身体泪流不止，并赶快把自己的衬衣撕下，包扎战友的伤口。

晚上，未受伤的士兵一直念叨着母亲的名字，两眼直勾勾的。他们都以为自己熬不过这一关了，尽管饥饿难忍，可谁也没动身边的鹿肉。天知道他们是怎么熬过的那一夜。第二天，部队救出了他们。

事隔30年，那位受伤的战士说："我知道是谁开的那一枪，他就是我的战友。当他抱住我时，我碰到了他发热的枪管。那时我怎么也想不明白，他为什么要对我开枪？但当晚我就宽容了他。我知道他想独吞我身边的鹿肉，我也知道他想为了他的母亲而活下来。此后的30年中，我假装不知道此事，也从不提及。战争太残酷了，他母亲还是没有等到他回来，我和他一起祭奠了老人家。那一天，他跪了下来，请求我原谅他，我没让他说下去。之后，我们又做了几十年的朋友。"

人往往很难容忍别人对自己的恶意诽谤和伤害。但唯有以德报怨，把伤害留给自己，才能赢得一个充满温馨的世界。释迦牟尼说："以恨对恨，恨永远存在；以爱对恨，恨自然消失。"

在中国的历史上，这种以忍耐消解冲突，以德报怨的事例不胜枚举。

齐桓公在与公子纠争位时曾挨过管仲一箭，差点丢了自己的性命，应该说，齐桓公与管仲之仇不共戴天。可是，当他登上国君之位后，却听从了鲍叔牙的劝说，以博大的胸襟宽容并重用了管仲。由于齐桓公以毫无芥蒂的重用回报当年的一箭之仇，深深地感动了管仲，从此，管仲便尽心效力国事，鞠躬尽瘁，最终使齐国实现富国强兵，成功进行了"尊王攘夷"，助齐桓公率先登上春秋霸主之位，成就了彪炳千秋的历史伟业。

佛家常说："菩萨所为，忍辱为大。"民间俗语则称"宰相肚里能撑船"。我们是凡夫俗子，无法做到菩萨、宰相的境界，但面对冲突，我们至少可以做到耐心一点，遇事先深深地吸两口气，再让脑子左右转一转，换一个角度，多替别人想一想，将自己那满腔的怒火化为浊气吐出来，抑制住报复的冲动，让自己活得平和些。

3.真正的智者会选择"宽容"，主动喊"停"

有争斗，必然会有损伤。

若在"打斗"之前，有一方能主动退让，那么，损伤将会减到最小甚至为零。但大多数时候，特别是在两个或者几个好胜者之间，没有一方会首先提出"暂停"或是"不打"而举"白旗"，原因就是为了那"可怕"的尊严。

好胜心和自尊心人人都有。但在人际交往中，对一些非原则性问题根本没有必要计较。可有些人却不这样想，总是对一些鸡毛蒜皮问题争得不亦乐乎，非得说上点儿什么，谁也不肯甘拜下风，说着就较起劲来，以至于非得决一雌雄才肯罢休，结果大打出手，或者闹得不欢而

散。此时若能给朋友一个台阶,满足一下他的自尊心和好胜心,不但可以使友情得以加深,还能显示出你的胸襟之坦荡、修养之深厚,以及绰约柔顺的君子风度。

有不少冲突都是由于一方或双方纠缠不清或得理不让人,一定要小事闹大,争个胜负,结果矛盾越闹越大,事情越搞越僵。为人处事时,最好得理也要让三分,用宽容之心待人。

人生活在这个大千世界中,需要处理好人与人之间的关系,更需要与朋友友好地相处。如何才能做到这一点?通俗地说,必须用一颗善良的心来对待一切,时时检点自己,也就是要严以律己;同时,对人要宽容,得饶人处且饶人,也就是宽以待人。

一个人的成功很大程度体现在事业的成功上,而事业的成功则一半取决于人际关系的成功。在复杂的社交场合里,表现得太激烈,容易惹来麻烦;表现得太柔弱,又无法使自己占有一席之地。聪明的人要运用社交手腕得到好人缘;而得到别人的肯定,要学会如何与他人"以和为贵"地相处。

这里提到的"和"字,不失为一种处世的基本原则。释放自己,原谅别人,就是善待自己;宽恕别人的过失,就是自己的荣耀。最幸福的人生,就是能宽容与悲悯一切众生的人生。只有宽恕,才能得到真正的自由。和婉的语气,使人感激;心存宽恕,才能令人怀念。所以,理直要气"和",得理也要饶人。

社会生活无论多么复杂,说到底都是由人际交往组成的。它犹如一张网,每个人都是这张网上的一个结。不论自觉不自觉、愿意不愿意,人每时每刻都要处理各种各样的人际关系。给别人留一些余地,自己将得到一片蓝天;给别人留一条后路,自己才会有宽阔的前途。与人方便,与己方便,这是一种气度,更是一种做人处世的艺术。

世界并非只有黑白是非之分,现实是多样化的,必须去适应,而不是等待它变化。委屈、忍让,是必须经历的,也几乎是人人都经历过的。

从最初的张扬、心直口快、好胜,渐渐过渡到明白这些所谓的性格并不能适应这个现实的世界。有时候,对了不必炫耀,错了也不必沮丧,心知肚明即可,不必过于计较。计较除了增加心中的诸多不快之外,什么好处也没有。

人生最大的礼物是宽恕。宽容是剔除了心中的私欲和杂念后的淡泊明志,是推己及人、以德报怨。宽容体现了人类超凡的爱心,没有爱心,谈不上宽容。试想一下,一个对世界漠然、对生活失望、对他人冷酷、斤斤计较、易怒、易恨、易嫉妒的人,怎能做到宽容呢?

清朝时期曾有这样一个故事:有两户人家因相邻的一尺宅基地打了8年的官司。这两家都要盖房子,其中一家先盖,后盖的这一家就说对方占了他家一尺宽的宅基地,于是两家争执不休,最后闹得对簿公堂。因为地亩的账册不清,两家一口气打了8年的官司。这两家在开始的时候都十分富裕,之后却弄得是两败俱伤、负债累累。

后来其中一家人听说自家有一表亲在京城做了大官,心想:这下好了,找到这个靠山,我们的官司就赢定了!于是就叫仆人去京城送信。这个大官看了书信后,沉思良久,写了一封回信。信的内容是一首诗:"邻里本比远家亲,一尺宅基生纷纭;待人以宽原是福,和睦相处笑胜金;方寸之墙起祸殃,让他三尺又何妨?万里长城今犹在,不见当年秦始皇!"这个大官原是懂得情理之人。两家后来传看了这封信,最终哈哈一笑,握手言欢。

这就是宽容的力量。宽容是一种崇高的境界,是精神上的成熟、心灵上的丰盈。

当然,宽容更是一种生存的智慧、生活的艺术,是看透了社会、人生以后所获得的从容、自信和超然。

随着经济社会的快速发展,人们的生活节奏在不断加快,工作压

力也在不断加大。如果人人都能多一点诚恳，多一份宽容，就会多一份理解，多一份真和善，生活中的酸甜苦辣也将化作五彩乐章。茫茫人海中，朝夕相处的亲人、邻里、同事、朋友，相逢总有缘，彼此间偶尔发生一些争执和矛盾在所难免。如果寸土必争、锱铢必较，总是你给我"当头炮"，我给你"马儿跳"，势必两败俱伤。遇到非原则性的矛盾，只要能宽容一些，"退一步海阔天空"，再大的问题也会得到解决。在别人失意、失落、失败时，多一份宽恕，少一点苛求，就能帮助别人，云开日出；当自己得意、得志时，也要多一份宽容，少一些盛气。

人生喜怒无常、爱恨交加，对于心中的痛和仇怨要懂得放弃，懂得释怀！我们常说的"得饶人处且饶人"，就是这样一个道理。事实上，宽容并不代表"无能"，它恰恰是一个人远见卓识和人格力量的体现！即所谓"海纳百川，有容乃大"。

但宽容也不是件容易的事。一方面是因为大部分人都认为做错了事要受到报应才算公平。因此，"以牙还牙"者屡见不鲜，而"以德报怨"者少之又少。另一方面，则是受一些偏见的影响，如认为宽恕意味着"我错了""我输了""我屈服了""我软弱""别人会认为错全在我"等。

有句话叫："处世让一步为高，退步即进步的张本；待人宽一分是福，利人实利己的根基。"它的意思也就是为人处世，即使得理也要让一步才算是真高明，因为让一步就等于是为日后进一步留下了余地；而待人接物以抱宽厚态度的人为最快乐，因为给人家方便就是日后给自己留下方便的基础。

《宋元学案》中说："胜人人必耻，下人人必喜；耻生竞，喜生敬。"谦恭礼让是君子的风范，斤斤计较是小人的行为；不与人争名利，退一步或可进百步，说的正是宽容的风范与魅力。

TIPS:我们该怎样培养宽容的情绪

1.不为小事烦恼。

为生活中的琐碎小事而苦恼,过度思虑,不仅解决不了任何问题,还会让自己的心情变得更坏,这无疑是在浪费时间和精力。所以,既然事情已经过去,就放下它吧。

2.忽略身边人的小冒犯。

别人对你的无意冒犯,请不要放在心上,忽略它们,不仅你会感到轻松,别人也会对你刮目相看。

3.接纳别人的性格。

每个人都有自己的性格,你不能改变谁,那么就接纳他们,就像接纳自己一样。

4.给别人展示自我的空间。

你可以对别人的做法抱持着不赞同或反对的意见,但你无权干涉他们。别人怎样做是别人的权利,你只需要倾听或是欣赏即可。

5.不要等待别人向你道歉。

想要包容别人,就不要总是想着别人向你道歉。有空时坐下来衡量一下自己的心理宽度,想想自己在生活中是否曾因为一些小事而疏于忍让,从而造成心情不佳或是人际关系不和谐,在之后的生活中以此为戒,避免类似情况再次发生。

第二章

无论爱人或被爱，
首先要放开胸怀

男女双方在世间的相遇、相恋已是不易，但是我们也许就是因为太在意对方，太在意情感的得失，才会产生情绪的高低起伏，产生猜疑、挑剔、不满、占有……实际上，这不是爱的方式，用这样的方式获得的归属和拥有也是脆弱的，是经不住考验的。

因此，无论是爱人还是被爱，首先要放开胸怀，为爱提供心灵的居所。

倒掉爱情这杯水里的"墨汁"

一个镇子上的民政所为了解决离婚者日益增多的问题,特意邀请了一位婚姻问题的专家前来讲学。

须发皆白的专家走进教室,把随手携带的一沓问卷和两个玻璃杯子放在书桌上。他没有立即开始讲课,而是先拿起粉笔在黑板上写下了一行大字:"世界上没有失败的婚姻。"

讲台下立即嗡嗡作响,显然,大家对专家的话很不以为然。

过了一会儿,专家等到教室里平静下来后,开口提了一个问题:"感觉自己的婚姻是和谐的人,请举手。"教室里没有一个人举手。

专家又微笑着说:"既然大家认为各自的婚姻都不和谐,那么这里有一份问卷,我所知道的婚姻不和谐的原因都在上面,请大家选择,问卷上没有的原因可另写。但是,诸如吸毒、赌博、暴力等涉及法律的问题,不在婚姻学家的研究范畴之内,如有此类情况,请及时与公安机关联系。"讲台下一阵窃笑。

大家拿起问卷一看,上面写着100多个答案:对方固执、任性、抽烟、喝酒、跳舞、吝啬、唠叨、狂热工作、迷恋上网……

等大家都答完后,专家收回问卷,然后逐一向大家展示。大家发现,每个人在答卷上都只选择了一个或者两个答案。

"现在,我再调查一下你们目前的家庭状况。"专家又向每人发了一份问卷,上面密密麻麻地写着一些问题:收入是否够维持生活?是否为你买过礼物?是否有孩子?孩子是否健康活泼?生病了是否能及时治疗? 生病后是否得到过对方的照顾……

专家再次收回问卷，又逐一向大家展示，每份答卷上几乎全是肯定的回答。专家把两份问卷放到面前，缓缓地说："你们的婚姻并无不妥，之所以感到不如意，只是由于人为地放大了婚姻中一些细微的瑕疵，忽视了身边的幸福。"

说着，专家拿着一个杯子接来一杯清水，取出钢笔，挤出一滴墨汁滴入水杯中。那滴墨汁在水中缓缓下降，最终沉入杯底，杯子里的水依旧是清澈的。

这时，专家用手指搅动清水，杯底的墨汁马上向上翻腾，里面的水随即变得浑浊起来。这次，杯子里的水用了近3分钟的时间才恢复了清澈。专家又慢慢地把清水倒入另一个杯子，然后把原来杯子底部的墨汁倒掉，另一个杯子里的水已经清澈如初。

看着台下若有所思的众男女，专家语重心长地说："滴墨入水，搅则变浑，婚姻何尝不是如此？"

专家拿起粉笔，接着黑板上那句"世界上没有失败的婚姻"后面写下了另一行大字："前提是别搅浑那杯清水。"

每个人身上都有缺点，但这并不妨碍我们追求完美的热情和勇气。同样，滴入婚姻清水中的那滴墨汁，也往往是日积月累形成的，其中掺杂着太多的外界环境的影响与人性的弱点。阻止那滴墨汁的形成或许不可能，但是我们不去搅动它，再想办法把它倒掉还是可以做到的。事实上，婚姻的清水里滴入墨汁并不可怕，可怕的是我们不去思考怎样倒掉墨汁，而是不停地搅动清水。

1.谁都经不起别人用放大镜看自己的缺点

柳和老公是在一家交友机构认识的。这个男人没辜负她的一番期

望,没有不良嗜好,没有劣迹,身体健康,人看起来老实又诚恳,是个地地道道的青蛙王子。

就这样,两人在相恋一年后结婚了。

相恋一年,柳没发现老公有任何令人难以忍受的缺点;可婚后不到半个月,这个男人的一举一动都变得让人不能容忍。首先,柳发现老公吸烟,而且烟龄长达4年之久,可他们交往一年多,柳对此却浑然不觉;接着,柳又发现老公吃饭时喜欢翻菜,尤其是自己喜欢吃的菜,他会把盘子翻个遍;更让柳不能忍受的是,他常常翻了半天,挟起一块,发现不满意就扔回到盘子里。他们婚前常常一起吃饭,怎么不见他有此等恶习呢?菜里每块组成的个体都是一样的,又有什么好翻的呢?

除此以外,柳还得知老公在大学时期因迷恋网络游戏,曾有4门功课挂科,差点毕不了业;在工作后不久,又因工作失误而被开除公职,无奈之下投身IT行业,却幸运地赚了不少钱。

强烈的反差让柳对日后的生活充满了不确定,这亏本的生意,她还要硬着头皮做下去吗?

柳的疑问很常见,当你对某人产生好感时,他的身上就会产生积极的,甚至是理想的光环,这在心理学上被称为"晕轮效应"。所以,沉浸在爱中的人是看不到对方的缺点的。婚后随着朝夕相处,激情退却,又因为家庭工作中的琐事影响感情交流,恋爱光环就会渐渐消失。

现代社会讲究"情感婚姻",年轻夫妻一旦发现婚姻与期望值相去甚远,就会选择放弃。当然,我们不要求年轻夫妻"忍辱负重",把自己锁在一个无爱的婚姻里,但大家还需理性看待恋爱时的光环,这样才不会在婚后产生巨大的心理落差。

婚前,不能因为爱,而把对方看成你希望的样子;婚后,即使对方有很多缺点,你也要学会必要的接纳。

无论多么不堪的男人,在恋爱的时候,都有让女人心动的优点;无

论多么优秀的女人,在结婚以后,都会有让男人失望的缺点。谁叫你在恋爱时喜欢忽视对方的缺点,又要在结婚后使用放大镜去检查对方的不足呢?

美美给闺蜜发手机短信,说她打算和老公离婚,因为老公太爱打扮,一个男人如此重视外表让她觉得不放心。闺蜜问美美,既然如此,当初又为何会喜欢上他呢?几秒钟后,美美回复短信:因为他很帅气,是自己认识的男人中最英俊潇洒的一位。

看到这里,大家发现其中的玄妙之处了吧?男人爱打扮,才能拥有英俊潇洒的外表,才能俘获女人的芳心。女人在婚前因此爱上他,却在婚后因此决定分手。相爱的理由,分手的借口,原来都源于同一件事。

诸如此类的事情还有许多。譬如男人婚前的正直侠义,婚后就变成了鲁莽冲动;男人婚前喜欢结交朋友,婚后却变成了不务正业、不顾家……其实,男人还是那个男人,只是女人看男人的角度发生了变化。

人无完人,如果你因此转头而去,这是极不成熟的行为。实际上,在挑剔对方缺点的时候,不要忘了我们自己也是不完美的。正因为我们都是有缺点的人,合在一起才能取长补短,成就人生的完整。对方究竟是讨人怜,还是惹人厌,完全在于我们看待对方的角度。如果不用放大镜观察对方的缺点,那点小瑕疵其实真的微不足道。

2.爱情就像手里的细沙——握得越紧,流失得越快

一个即将出嫁的女孩,向她的母亲提了一个小问题:"妈妈,婚后我该怎么样把握爱情呢?"

"傻孩子,爱情怎么能把握呢?"母亲诧异道。

"爱情为什么不能把握？"女孩疑惑地追问。

母亲听了女儿的话，温情地笑了笑，什么也没有说。

第二天，母亲带着女儿来到海边，从沙滩上捧起一捧沙子，送到女儿面前。女孩发现那捧沙子在母亲的手里，圆圆满满的，没有一点流失，没有一点洒落。

接着，母亲用力地将双手握紧，沙子立刻从母亲的指缝间漏了下来。待母亲再把手张开时，原来那捧沙子已所剩无几……

此时，母亲问："孩子，还记得你昨天问我的问题吗？这就是答案，爱情像沙子一样，握得越紧，流失得越快。"

女儿望着母亲手中的沙子，领悟地点点头。

爱情就像握在手里的细沙，越想刻意抓牢，反而越容易失去。

大学毕业后，陈浩博进入了长沙市一家商业银行，而马丽玲则是在一家储蓄所工作。马丽玲个性急躁，又生性多疑，朋友们都不看好他们的恋情，但陈浩博坚定地和马丽玲结了婚。但马丽玲心中还是很不踏实，生怕哪一天丈夫会变心。

后来，马丽玲和陈浩博的爱情结晶苗苗出生了，马丽玲托熟人找了一个保姆。保姆叫刘秀秀，20岁出头，老实勤快。

这天，刘秀秀正在打扫卫生时，门铃响了，来人是自己相恋了两年的男友朱钊。刘秀秀又怕又喜。马丽玲不准她带外人来家里，要是被发现了，是要被扣工资的。可一想到现在家里没有外人，刘秀秀还是将他迎了进来。

朱钊是准备去深圳的，见离火车开车还有一个小时，就来看看刘秀秀。两人相见，格外欢喜，情难自禁时，刘秀秀偷拿了马丽玲床头柜里的一个避孕套。

下班时，陈浩博带了3个同事一男两女回来吃饭。饭后，3个客人都

走了,半个小时后,那个女同事又折了回来,原来她的手机落在陈浩博家里了。拿了手机后,女同事又和陈浩博聊了一会儿才走。

晚上,马丽玲突然发现避孕套少了一个,她一下子没有了热情。难道是丈夫做了对不起自己的事?

她越想越烦,怎么也睡不着。难道是刘秀秀?她很快否定了这一点。长相英俊的陈浩博怎么都不可能看中姿色平平的小保姆。

第二天,陈浩博上班后,马丽玲便问刘秀秀这几天有谁来过家里。刘秀秀做贼心虚,支支吾吾地说:"没……没有吧!"

细心的马丽玲一眼就看出刘秀秀似乎在掩藏什么,便追问:"这几天,陈浩博是不是带谁来过?"

刘秀秀连忙一五一十地把陈浩博在家招待客人的事告诉了马丽玲。听刘秀秀这么一说,马丽玲便断定丈夫一定背着自己和那个女同事有"关系"。

晚上,马丽玲质问丈夫,陈浩博丈二和尚摸不着头脑。马丽玲以为丈夫故意装糊涂,火气更大了,将避孕套少了一个的事抖了出来。

陈浩博说:"我也不知为什么会少一个,但我可以发誓,我绝对没有做对不起你的事。我真要背叛你,会如此招摇地在家里乱来吗?"马丽玲也不知说什么了。

虽然避孕套失踪的风波过去了,可马丽玲心里依然认为丈夫背叛了自己,只是没有确凿的证据而已。她开始像个特务一样侦查起丈夫来,弄得陈浩博的女同事见到他都退避三舍。

有一次,马丽玲假装去出差,等丈夫送她进了火车站后,她又悄悄地折了回来。陈浩博半夜醒来的时候,忽然见妻子站在床前,吓了一大跳。这样的妻子令他十分痛苦,要不是为了女儿,他甚至想离婚。

一个周末,一向乖巧的女儿忽然又吵又闹,折腾了好几个小时。陈浩博用体温计量了一下,发现她烧到了40℃,急忙抱起女儿准备上医院。可就在这时,陈浩博接到了女上司打来的电话:有一位重要客户上

午10点到机场,要陈浩博务必准时去接机。

陈浩博看了看表,只剩一个小时了。他只好将苗苗交给妻子,让她赶紧送女儿去医院,然后换了一套笔挺的西装走了。马丽玲疑虑起来:不对啊!今天是节假日,哪里会有什么重要客户来?那声音明明是女的,莫不是他们要在哪里约会?想到这里,她便让刘秀秀先送苗苗去医院,甚至连钱都忘了给她,就急急地追丈夫去了。

陈浩博接的是一位漂亮的女士,大约30来岁,穿着时髦。只见他们寒暄了几句后,就一起上了车,马丽玲一路跟踪。就在这时,她接到刘秀秀的电话,说苗苗病情越来越严重,她身上没钱,叫马丽玲马上回去。马丽玲一听急了,这可怎么办?如果赶去医院,就再也难有这么好的捉奸机会了。

她对刘秀秀说:"你先要医生通融一下,我办完事就来!"大约10多分钟后,刘秀秀又打电话来了,说医院不肯通融。这个时候,马丽玲见到丈夫与女客户的车进了一家大酒店,以为他们一定是急着去开房鬼混,异常烦躁的她哪还有心思听小保姆的"唠叨","啪"地关了手机,尾随他们进了酒店。

可让她失望的是,丈夫与女客户进酒店后,却径直走到了大堂左侧的咖啡屋,陈浩博的两位上司已经等在那里了。直到这时,她才知道自己误会了丈夫。正当她愧疚时,陈浩博却急匆匆地往外走来,还一眼看见了"守候"在门外的马丽玲,他气不打一处来:"你还是不是做母亲的?孩子都成那样了,你还有心思来跟踪我!"原来,刘秀秀打不通马丽玲的电话,只好向陈浩博求助。

之后,陈浩博坚决提出了离婚,马丽玲不得已签了字。

马丽玲与陈浩博离婚后,刘秀秀才从马丽玲的埋怨中知道,她当初的一个小错,竟然引发了他们的绝裂,并导致他们的女儿夭折。她十分愧疚,向他们坦白了一切,希望他们能复合。陈浩博说:"如果她信任我,就不会发生后面的事……"马丽玲愤怒难平,悔不当初,可是这一

切都无法挽回了。

婚姻,既是两个生命的结合体,又具有人格的独立性,如果取消和剥夺了这种独立性,就不可能有爱的存在和感情的交流。这种人格的独立性要求双方既要坚决维护作为夫妻关系的共同利益,包括物质的、感情的和精神的利益(特别是在感情上要求双方保持坚贞与忠诚,这是婚姻关系的最高原则),同时,也要在不违背这一最高原则的前提下,保留各自不同的心理空间,如独立的性格、脾气、气质、修养、思想、情绪、思维等心理层面的活动自由。由此出发,夫妻双方要互相尊重就不是一句空洞的口号,而是表现为对对方独立人格的尊重。只要对方不违背夫妻关系的基本原则,就应该允许对方保留自己的私生活"领地"。

很多人错误地理解了婚姻的含义,以为既然是夫妻,自己就有权利了解对方的一切,甚至出于偏狭的爱的名义或嫉妒心理,详细过问对方在婚姻之前的恋爱经历,包括交往过哪些朋友、有过几位恋人、交往的程度如何等。很多人在得知对方的某些情感经历之后,由于缺乏宽广的胸襟,反而把抽象的说明具体化,加以幻想,使之情节化,不恰当地把这些当作对方对自己不忠的所谓把柄,伺机发泄自己的恨与敌意,既伤害了对方,也伤害了自己。

深究下去,我们可以发现,具有这种心理的人缺乏自信心,不懂得爱是赢来的,赢得了对方的尊重,赢得了对方的好感,赢得了对方的终生相守;相反,他们错误地认为爱是抢来的,是把对方的心理空间掳掠一空。

婚姻就像自己的花园一样,需要好好地打理,而且要讲求技巧。对于自己的爱人,一定要给予充分的信任,同时也要自信。在给双方都保留一定空间的同时,一定要学会沟通,要善于倾听爱人的心事,并给对方一个倾听、了解自己的机会。

我们要明确，婚姻关系中的"紧握"不是创造婚姻空间的正确方法，同时，婚姻的空间也不是"忍让"出来的。只有从婚姻中对峙的心理撤出来，才能给婚姻留一个理解和自我消化的空间，也才能隔一段距离看待婚姻。唯有这样，才能提高对婚姻的认识，从而留出一片更广阔的天地供婚姻发育、生长！

不是为了生气而相爱的

公车上，乘客很多，一对上班族男女也被挤在车厢中间。

可能是因为人多，男孩将手臂围挡在女孩的腰上，怕后面的人挤到她，并轻声地问："累不累？待会想吃些什么？"

女孩却不耐烦地答道："我已经够烦了，吃什么都不先决定好，每次都要问我。"

男孩一脸无辜地低下头，而后说了一段令人印象深刻的话："让你决定，是因为希望能够陪你吃你喜欢的东西，然后看着你拥有满足的笑容，把今天工作中的不愉快暂时忘掉。你工作上所受的委屈我没法帮你，我所能做的也只有这样了。"

女孩听了，满怀愧疚地说了声"对不起"。

男孩说："没关系，和你相遇不是用来生气的，只要你开心就好。"而后亲吻了女孩的头发。

公车到站，男孩牵着女孩的手下了车，依旧小心翼翼地保护着女孩。

说得多好呀，"和你相遇，不是用来生气的"。

两个人相恋,多么来之不易的缘分,何苦要用生气来抹杀所有的幸福?

1.心平气和地对待对方,然后用爱和勇敢去化解阻力

唐代慧宗禅师经常云游各地。一次,他临行前嘱咐弟子看护好他酷爱的数十盆兰花。可有一夜,弟子们忘了往屋里搬兰花,也偏巧那一夜狂风大作,盆破花毁,狼藉满地。几天后,禅师返回寺院,众弟子准备受罚。

可得知原委后,禅师神态自若,依然平静安详。他对弟子们说:"当初,我不是为了生气而种兰花的。"

这句话不光让他的所有弟子彻悟,也让千年之后的我们同样受益匪浅。

即使当爱情面临小小的险阻,我们也要心平气和地对待对方,然后用爱和勇敢去化解,而不是用生气的方式来鲁莽对待。百年修得同船渡,千年修得共枕眠,两个人相遇、相知、相爱不是为了生气的。

有一天傍晚,刘新月和丈夫出去散步,正巧一个光盘店特价促销。丈夫说:"我们去买几张吧!"说实在的,她和丈夫平时很少买这类消遣品。每个月他俩的工资除了过日子、还贷款、抚育女儿,已经所剩无几,哪还有这闲钱。但是看到丈夫期盼的神情,刘新月动心了——为了让他高兴,且放手让他买一回吧。

等了好久,他才从人群中钻出来,捧着一大堆盘,说了一个让刘新月心痛的数字。看他花钱超出了自己的预算,刘新月便有些闷闷不乐,再看他那么神采飞扬,气就更大了。扔下正乐颠颠的丈夫,刘新月赌气

往家的方向走去。

走了几步,她忽然想:我不是为了生气才让他买光盘的,我绝对是为了让他高兴,为了让我们俩有一个愉快的周末,才爽快答应的。既然钱已经花了,丈夫也如她所愿很高兴,那还气呼呼的干什么呢?难道花钱是为找不痛快吗?

想到这儿,刘新月便慢下了脚步。丈夫追上来,本以为她生气了,赔着小心,但发现妻子并没有责怪自己的意思,心情立刻好了起来,两个人拉着手甜蜜地回了家。

以前,刘新月经常为丈夫晚回家而唠叨,他们之间也经常因此而争吵不休。现在,她终于明白过来,决定改变"战略"。

她首先改掉了自己唠叨的毛病。当丈夫告诉她晚上不能回家吃饭的时候,她不再像以前那样发火,而是叮嘱他尽早回家,路上小心开车。结果,她的丈夫却常能早回家。有时候,还会为刘新月带一大束美丽的鲜花。他们之后的生活过得从未有过的甜蜜。

如果我们静下心来,独自坐下想一想慧宗禅师的话,是否就会发现,这些小事根本不值得我们动那么大的气?

难道我们当初选择结婚不是因为爱吗?他的那些优点,我们在结婚前看得清清楚楚,为什么结婚后又视而不见了呢?

既然我们是因为相爱才在一起,何必整天吵吵闹闹,让生气破坏我们的情感?不如宽容一点,豁达一点,得饶人处且饶人。事实上,许多时候,那些婚姻里的伤害都是"无心"的,只要找出原因,及时沟通,就可以化干戈为玉帛。

2.吵架的话题，一定要是双方都清楚的症结

爱情就是在一轮轮吵了又和、和了又吵的循环中升级的。

不要以为夫妻吵架就是不和，也许不吵架才是真正的不和。

吵架是婚姻的一种动态方式，可以维护婚姻的稳定。

美国曾经做过一个调查，夫妻之间经常吵架的，离婚率要远远低于那些很少甚至几乎不吵架的夫妻。这个调查结果得到了很多人的认同。经常吵闹的夫妻，会把心中的怨气都倾吐出来，最后，大家在冷静之后，考虑到自己确实在某个方面做得不够，然后就会在以后的日子里用点心思加以改进；但是不吵闹的夫妻，彼此的心思对方都不了解，就算心中有很多不满，也没有讲出来，最后两个人的共同语言越来越少。回到家，除了吃饭、睡觉，好像就没什么话说，最后觉得过得好无趣，干脆离婚算了，这就增加了离婚的概率。

吵架还有益于身体健康，那些无论事情大小都压抑在心中的人们，反而憋屈得很！美国最近公开的一项研究显示，夫妻闹矛盾时，压抑愤怒容易导致死亡率上升，而吵架却可能有益健康。

这项调查是由美国密歇根大学哈尔堡教授发起的，他的研究小组对192对中产阶级夫妇进行了为期10年的跟踪调查。当然，他们首先根据调查，将这些夫妻分为了容易吵架和不容易吵架两种类型。10年后的结果表明，不容易吵架的夫妻，他们的死亡率竟然是容易吵架的夫妻的5倍。

针对这项调查的结果，哈尔堡教授总结道："夫妻共同生活时，他们的主要任务之一就是调解冲突……关键在于，当冲突出现时，你怎么应对……要是你不理会它，压抑愤怒情绪，心里却总想着它，继而憎恨或者打你的配偶，那你就有麻烦了。"

可是,我们经过几千年的教化,认为吵架是不文明的行为,而夫妻吵架更是不和谐的表现。其实,这些理论有时候对我们的夫妻关系并没有什么好处,反而抑制了我们在生活中用一种宣泄的方式表达自己的观点。

所以,不要认为吵架一定会影响夫妻感情。你现在必须明白的一个道理是,不吵架又能带给你什么呢?你真的容忍对方了吗?或者你的老公或老婆真的容忍你的某些生活方式了吗?你知道沉默的定义是什么?"沉默啊,沉默,不在沉默中爆发,就在沉默中灭亡!"这个道理在夫妻生活中也是通用的。

梦亚和林堂结婚3年了,因为还没有孩子,两个人的生活过得不咸不淡。回到家,梦亚做饭,林堂也不闲着,在旁边帮忙,或者干别的活儿。按说,两个人的日子平平常常、安安稳稳,但是他们却觉得日子过得越来越没劲。

有一天,梦亚很沉闷地说:"要不,我们离婚吧?"林堂说:"行。"梦亚虽然觉得林堂答应得太痛快了点,但是想想,如果是他先提出来,自己也会这么回答。因为他们在一起的生活,就跟合锅吃饭一样,太没意思了。

两个人来到离婚事务所,正巧人少,办离婚的大婶就笑着问他们:"为什么离婚啊?说说理由吧!"

两个人都很内向,半天不说话。最后梦亚一想,反正都要离了,说说又怎么样。梦亚就说:"他跟我结婚都3年了,我现在越来越不明白他了。他好像什么事都不愿意告诉我,我虽然是他老婆,实际上跟个外人没两样。我们同事还把家长里短都告诉我呢,他回来就是闷头干活吃饭,什么话也没有,我都快憋死了。"

没想到丈夫林堂也有自己的理由:"她像个女仆似的,对我也太客气了,我想说些什么,都不好意思。有时候,我也挺烦的,她对我那么彬

彬有礼,我都不好意思唠叨。她这个人做事太讲究,实在有点受不了。"就这样,两个人你一言我一语,把积攒了3年的不满都捣腾了出来。

事务所的大婶听了半天明白了,这日子过得没趣,原来是因为对对方都有不满的地方。

"那你为什么不跟你爱人说说你的意见呢?"大婶的话刚一出口,两个人几乎是异口同声地说:"总不能吵架吧?"

大婶呵呵笑了:"吵就吵吧,日子越吵越红火!"两个人傻了,日子还能越吵越红火?不过听大婶这么一说,好像都有点不想离了。毕竟离婚后的日子是什么样的,谁也说不准。那就先回家吧,回家吵吵架再说。

在之后的日子里,他们有时候会吵吵架,梦亚也会因为吵架而流眼泪。流眼泪的时候,丈夫会觉得抱歉,会给她擦眼泪,把她拥入怀中。因为吵架的时候,他们都把自己的不满说了出来,两个人的感情反而比以前好了很多。

丈夫也因为终于能"肆无忌惮"地在妻子面前耍大丈夫的威风,而变得开朗了很多,就算在家小吵了一架,到了单位,还是笑容满面。很多人都说林堂变了,变得对很多事情都热心了,对同事们也很热情,有需要帮忙的,他都主动帮忙。这样的同事谁不喜欢呢?很快,林堂就被推选为了企划小组的组长。

通过吵架的方式,了解对方心中的需求,然后在冷静之后,不要再一次一次地让对方失望,我们应这样看待夫妻间吵吵闹闹的一辈子。

但是,吵架也要有度,要讲究艺术。我们都是文明人,所以吵架也要用一种文明的态度,或者是一种理性的态度。我们首先要明白一个道理,吵架只是为了让双方释放心中的不满,而且有的不满并不是只针对对方。让自己太过压抑,也会对身体造成伤害。你和你的爱人是要在一起生活一辈子的,你们的健康是你们最重要的幸福因素之一。所

以吵架的时候,你心里还要告诉自己,等发泄完了这些不愉快,身体就会好受些。

吵架的时候,你还要通过对方激愤的言辞找到你们的异同点,以此来发现你还有什么地方需要和对方磨合,什么才是对方需要的。而你也要大胆地表达自己所需,你的心事在这个时候尽可以表达出来。

吵架要就事论事,或者借这件事情表达自己的需要。但是吵架绝对不要揭对方的短处,"你可以不同意他所说的每一句话,但你要始终尊重他"。

另外,不要牵扯彼此的父母,或者其他人,更不要说什么过不下去要离婚之类的胡话。吵架是为了解决问题,不是为了创造问题。我们应该本着大事化小、小事化了的原则吵架,扩大问题绝对不是吵架的目的。

另外,吵架不要离家出走,这会让你一个人在街上看上去很可怜,会损失你的自信心。还有,你打出租车的钱还不如叫一份Pizza在家里享用呢!你一个人能吃得了吗?别浪费,分一半给他——他也吵累了。

吵架有一个黄金定律:你们吵架的话题,一定是那些你们双方都清楚的症结所在,这样你们才能更容易在吵架中获得共识。

TIPS:这三句真爱之语非常值得试试看

你得记得在吵架之后24小时之内告诉对方这3句话。

要冷静、充满爱意地告诉对方这3句话,一定要训练自己这么做。如果怎样都无法冷静下来,而期限又快到了,就把这3句话写在纸上交给对方。"亲爱的!我很生气,我觉得很痛苦。不知你为什么要对我做出这样的事,对我说那样的话。亲爱的!我需要你的帮助。"

定要把这张和平纸条交给对方,而且确定他已收到。事实上,你会

发现,在交给他和平纸条的那一刻,你的心已经得到了些许解脱。

你也可以在3句真爱之语的后面,再加上几句话:"这个星期五晚上,让我们一起坐下来,好好地讨论整件事吧!"你可以在星期一或星期二就告诉对方这个想法,如此,你可以有大约三到四天的时间,好好地练习如何实行和平对谈。而且在这三四天里,你们都还有机会回想造成冲突的原因,了解整件事的来龙去脉。你们可以自己决定要何时讨论它,不过星期五晚上是最好的,因为如果你们因此而和解,接下来就可以共度一个很美好的周末。

3.放松点,设立一个美好的心理疆界

英国剑桥大学教授布洛曾提出"心理距离说",他认为审美活动必须在主体和对象间保持一定的心理距离。如果距离太大,主客体脱离联系,引不起审美经验;如果距离太小,主客体过于贴近,也引不起审美经验。这就是"距离的自我矛盾"。

所以,天天在一起的夫妻们总是怨声叹道:"你靠我太近了,我都快被你烦死了!""我都没有自己的空间了,真受不了!"而那些两地分居的夫妻们却天天在喊:"天天在想你,折磨死我了!""要是每天都能看到你,该多好啊!"

在婚姻中,如果没有距离,婚姻会失去活力;有了距离,缺少亲密,两人之间也会逐渐失去信任,婚姻会变成一个不定时炸弹,任何时候都有可能把夫妻的感情炸得血肉横飞。

只要相爱了,就希望与恋人亲密无间、时刻相伴,结果往往走得太近,忘记了给各自留下空间,让爱情险些窒息。

下面是一个男人的倾诉:

　　我刚从美国回来的时候,认识了一个女孩,彼此都很有好感。她是那种很热情的女孩,而我比较偏内向,她的健谈和大胆很吸引我,我也明确地表示过喜欢她的热情。但几次约会后,我发现她的热情燃烧得太快,让我很不适应。

　　她会随时随地给我电话,问我在做什么。如果我说在开车,不方便接电话,她会马上发来短信叫我小心开车;如果我说在开会,她就会帮我叫外卖,说怕我忙忘了;如果约会我迟到了,我还没开口解释,她就会很理解地说"塞车的时候很烦躁吧,快,先喝口水"。

　　开始的时候,我的确觉得她很贴心。有个女人总是能替你着想,对于一个重事业的男人来说是很幸福的,但后来就吃不消了。我忍不住胡思乱想:我很年轻,有很好的事业,这些会不会成为她如此热情的动机?当然,大部分时候,我愿意相信她是个单纯的女孩。但我又会有另外的担心:她对我这么好,而我目前一心只想发展自己的事业,一直在控制自己不要轻易地陷入爱情而放弃理想,这么一来,我就会担心不能给她对等的关怀,有一天会伤害到她。这让我觉得很内疚,于是再见到她时,那种轻松全都没有了,转而变成了一种负担。

　　人与人之间所保持的空间距离, 直接反映彼此相互接纳的程度。任何一个人都需要有一个由自己把握的自我空间,虽然这个自我空间会随着情景、个人的性格和文化背景等因素发生变化,但无论是谁,只要他处于清醒状态,都会有这种拥有自我空间的需要。一旦这个空间被打破,人们就会有一种紧张不安的感觉。心理距离的缩短不仅让人紧张,还会影响爱情的兴致。适当的空间距离能保持爱情的活力。

　　婚前的恋人在心理上是有一定距离的,因而双方总有一种神秘的吸引力和近于圣洁般的倾慕,心理上的敏感系数很高。一泓秋波荡漾,会使你心旷神怡。可是在婚后,这种心理距离会消失,原来的神秘感也会随之消失,近乎圣洁的倾慕被习以为常所代替。如此,彼此变得麻

木,心理敏感系数急剧下降,只有沉闷和苦恼积淀了下来,爱情的兴致日趋淡薄,婚姻危机也就随之产生了。

很多情侣,当他们身处两地时,情书频繁,缠绵悱恻,道不尽相思之情;可当他们同居一室时,那种感情反倒消失了,久而久之,争吵成了家常便饭。其实,这是因为爱情缺少喘息的机会。

在婚姻中,制造距离必不可少,这也是一种幸福婚姻的技巧。当然,说到这个技巧,不免要提到一个信任和理解的问题。

尊重对方的个人空间,只有信任对方才能做到。

比如,当对方想一个人独处,想一些事情的时候,如果你总是怀疑他跟你不是"一条心"或是有什么出轨的迹象,你可能会觉得他在故意躲避你、冷落你,或是对你有意见。你总是担心他背叛你而翻看他的手机和日志,你总是情不自禁地要干涉他的私人空间,这些难免会造成他对你的排斥和反感。结果,因为自己的捕风捉影和种种猜测而把他推向了离你更远的地方。

延伸阅读:掌握夫妻吵架的语言技巧

指责的话脱口而出,你马上后悔了;和丈夫说话总是硬邦邦的;或者你的本意是好的,可说出来却全变了味——这时,一场争执往往在所难免,错误信息的传递眼看就要引发夫妻大战。如果能有一些更好的方式来表达你的感情,那该多好……

其实,"围城"里两个人的战争难免,人并不是任何时候都能让自己闭上嘴巴的,若是将气积压于心,勉强自己保持沉默,也不是好事。如果实在想说,那就说吧,但是,一定要掌握情绪来临时语言的艺术。在情绪一触即发之际,是火上浇油,还是春风化雨,往往决定于言语。

有时候,恰到好处的一句话,不仅能平息争端、掌握主动,还能让

你们的婚姻在磨合的过程中更亲密、融洽而快乐。

不要说："我就知道你会这样说。"

而要说："你以前就曾经这样说过，所以它一定还在困扰着你。"

有很多话本身并非责难，除非你用的是含沙射影的语气。当你面带挖苦地说"我就知道你会这样说"时，无异于是在用另一种方式骂你的爱人是个"笨蛋、蠢人"。

心理专家认为，轻蔑会加快婚姻的崩溃。离婚最明显的征兆之一往往是无论他说什么，你都不屑一顾。

较为明智的表达是："你以前就曾经这样说过，所以它一定还在困扰着你。"这样说，既考虑到了他的感受，又表明你希望能为解决问题做些什么。要对生活中彼此的每一点细微之处都试着去体会和沟通，你们的婚姻才会更为牢固。比如，他要加班到很晚才能回家，那么不妨把他最爱看的电视节目录下来。只有对彼此的目标、焦虑和希望真正有所了解，当要决定重大事件以及出现分歧时，你们才能够更为妥善地共同对待。

不要说："你简直快把我逼疯了。"

而要说："你那样做，我真的很难受。"

你得明确表达是什么在影响你的情绪，笼统地否定一切只会令婚姻关系愈加紧张，解释清楚你生气的理由极为重要。

你需要强调他的行为带给你的感受，但不要列出一大堆抱怨和委屈的清单。

记住，一次只指出一个问题。如："当我想跟你说话而你只顾自己看电视时，真的叫我很难受。"

越早说出自己当时的感受越好，"你简直快把我逼疯了"这句话意味着你的情绪经过长时间的压抑之后已经上升到了一个过激的水平。

不要说："这事你一直就没做对过。"

而要说："你是做了很多努力，但用这种方式是不是太费劲了。"

责备他行为不当时，你一般还会指出做这件事正确和错误的方法。虽然看上去你的方法可能最好，可事实上它常常是带有主观偏好的。

责难会使夫妻感情疏远，家庭中两个人要做到相互平等。

当需要做家务活时，男人们必须抛掉让自己很舒服的想法；而女人也得放弃控制男人完成这件事的过程。

不要吝啬对他的感激和肯定之词，这会令他乐于继续坚持下去。幸福的夫妻往往建立在彼此欣赏的基础上，他们常常会互相赞美，哪怕是日常生活中最细枝末节的地方，他们也不忘说声谢谢。

不要说："为什么你总是不听我说？"

而要说："这对我真的很重要。"

说他总是不听你的，不仅满是责备，而且还夸大了怨气。毕竟，即使是最不虚心的人，对你所说的话也会在意几次。使用"总是"或者"从不"这样的字眼，会引起对方的反感情绪。同时，这种全盘否定的说法也把问题的责任全部推到了他的身上，而让自己脱离了所有干系。

而以"这对我真的很重要"作为开场，则会为你打开一扇进行建设性对话的大门，它会令你有机会说出被他拒绝的话并提出解决问题的建议。在表述你的观点时要冷静，始终做到心平气和。

不要说："说得对，我正是要离开你！"

而要说："那给我一种想要离开你的感觉。"

威胁听上去好像很引人注意，但它们很危险，而且不给进一步的交谈留一点余地。他可能会对你说"再见"或者讥讽你不过是做做样子，而这两种结果都是对你的一种羞辱。

就算你确实怒气冲天地一走了之，你们的关系也不会就此结束。

把那些一触即发的冲动放在心里，寻求能就此进行交流的途径，毕竟你"并不是真的想要离开"。在这种情况下，只要夫妻间的关系还没有破裂，说出真实的感受有助于接触到问题的根本。不过，对于大多数婚

姻而言,动不动就用离开来进行威胁只能随着时间的推移而变成现实。这有点像自杀,总是威胁要离婚的人将自己一点点逼进绝境。

不要说:"没什么不对。有什么让你觉得不对的?"

而要说:"是的,有些事确实有问题。"

回避问题只会让事情更糟。伤口总是会化脓的,你的痛苦会将你们的关系拖向更为混乱的境地,并逐渐恶化。

首先,承认有不对劲的地方,即使你并不准备立即谈论此事。这样做有助于消除紧张气氛,并使你们两人处于寻求解决之道的同一条路径上。

然后,安排一下时间(第二天晚上或是这个周末),大家坐下来慎重地谈论双方的问题。

如果双方对某些问题存在严重冲突,请暂时将怨气放在一边,直到你找到能够处理问题的时间。在你感到不那么疲惫和累的时候,会更容易发现解决问题的方案。

不要说:"你总是偏袒孩子。"

而要说:"父母作为一个整体,我们的意见需要更为统一。"

"总是"这个词是一个红色的危险字眼,充满谴责并常常引发怒火。

而且,对方也会因此而处于防御状态,武装自己,只待"一战"。

教育孩子方面频繁的意见相左不仅会产生反作用,还可能造成家庭分裂。生活在吵吵闹闹的父母中间,孩子会对你们的不和渐渐习以为常,他们也许会把你们婚姻的不幸归咎到自己身上。

所以,在处理这方面的分歧时,一定要避开孩子,将所有的委屈以及意见都暂时保留一下。

如果你们之间教育方法的差异已经大到了影响婚姻的程度,你们不妨考虑专业人员的咨询服务。

心理专家建议你可以这样说:"昨天晚上我在辅导孩子做功课时,

你对他说不一定非得完成。我觉得你这样削弱了我对他的教育，而且对孩子也没有帮助。你怎么看呢？"然后听他作何回答。

不要说："你怎么能那样对我？"

而要说："这伤害了我的感情。你为什么要那样做？"

有不少夫妻在相互指责时都扮演了受害者的角色。它间接地表达着你心中的怨气、遭到的羞辱和背叛。

你需要了解他为什么这样做，例如："你没给我打电话，我感到很伤心。是什么原因使你昨天晚上不和我说一声那么晚还离开家呢？"这样说之后，你们两个人才能以建设性(而不是破坏性)的态度表达各自的观点，从而打破僵局。采用这种方式也意味着你应该做好真正听他说出事实的准备。

第三章

请永远不要因职场的不公平而抱怨

——你可以选择宽怀应对

在工作上受到了歧视？

观点或意见遭到了上司的刻意忽视？

工作上的相关信息及决策被刻意隐瞒？

别人对自己的态度缺乏真诚？

待遇薪水不公平？

……

职场中似乎总是充满了各种不公平，它激起了我们的负面情绪，挫伤了我们工作的积极性。

世界上没有绝对的公平，尤其是在职场中，面对纷杂的人际关系和利益冲突，被批评、受委屈在所难免。生气发火于事无补，那就学会宽怀应对吧。

办公室没有"绝对"的公平

当我们生气地咒骂办公室的不公平时，不妨换一个角度来想，为什么我会遇到不公平？发现原因，再去改变它，岂不是比你怨天尤人要好很多？

所以，面对办公室的不公平，我们的态度应该是：坦然面对它，努力适应它，力争改变它。作为一个成熟的职场人，要时时刻刻明白这一点，以平常心、进取心来改变自己的工作。

1.身处职场，不能要求绝对的公平

哈佛商学院有本职业教材读本上指出——如果你想成为一个职场的成功者，那么，请永远不要因职场的不公平而抱怨。

第一，要承受住嘲笑，忍得了屈辱。

漫漫人生路，有太多的不如意，退一步海阔天空，只要不忘记自己的最终使命，你还是你。要能承受别人的嘲笑，这是一种雅量，同时也是能忍的标志。

面对屈辱，你要继续赶路，不要和他们纠缠，也不要过分认真地去与之论短长。你虽受了一时之辱，但时间会证明你的才干和成就，证明你的人格。到那时，真正羞愧的是当初羞辱你的人。

其实，人生的各种境遇，都是我们学习的功课。有人能处逆境，却未必能处顺境。一个人会用什么样的心态面对自己所处的环境，要看他"忍辱"的功夫做得够不够。

在佛经里，"忍辱"的涵意是很丰富的。挫折、打击固然要忍，成功与欢乐也要忍；逆来受，顺来也要受。但是，所谓"受"，并不是被动地接受认可，而是以积极主动的态度，把境遇转化超越，让自己从中获得学习成长的机会。一般人受到冤屈挫折，心理上总是愤愤不平。然而，正因为愤恨难消，痛苦煎熬也如影随形、挥之不去。如果借着打击来锻炼自己的心性品格，甚至把打击你的人看成是来感化你的"菩萨"，谢谢他给你锻炼自己、提升自己的机会，心里就不会有怨恨，自然也就不会感到痛苦了。

有一位先生，一次上岳父家吃饭。进餐时，翁婿两人聊起了一条高速公路的修建问题。那位先生强调：公路的进度一再推迟，是有关部门的错误；而岳父则不同意，认为公路本来就不该兴建。两人你一言我一语，争论渐趋激烈。后来，那位岳父把问题扯到了"年轻人自私心重，没有环保意识"上，很显然是在批评那位先生。

那位先生怕再争论下去伤和气，便慢慢缓和了下来，婉转地说："可能我们的看法永远也不会一致，可是，那没有什么。也许我们都是对的，也有可能我们都是错的，这都是未可知的事。"那位先生的一席话，不仅给自己搭了台阶，也给对方打了圆场，避免了矛盾不断扩大，影响感情。试想，那位先生如果意气用事，一直与岳父争论下去，结果会如何呢？

有时，给别人留点"面子"，就是给自己留"面子"。在茫茫人海中，如果我们不想被孤立，就必须学会如何与人相处。记得一位先哲说过，无论怎样学习，都不如他在受到屈辱时学得迅速、深刻、持久。

屈辱使人学会思考，体验到顺境中无法体会到的东西；也使人更深入地去接触实际、了解社会，促使人的思想得以升华，并由此开辟出

一条宽广的成功之路。善于从屈辱中学习,是成就业绩的一个重要因素。

当你想坚持真理,想比别人做得更好一些时,你很有可能会遭到某些人的恶意攻击。对于这一点,我们要有足够的思想准备。我们不能避免这种攻击,但我们能避免让这种攻击干扰我们的心态。

美国前总统罗斯福的夫人艾丽诺曾受到过许多攻击,但她都能够泰然处之。她说:"避免别人攻击的唯一方法就是,你得像一只有价值的精美的瓷器,有风度地静立在架子上。只要你觉得对的事,就去做——反正你做了有人批评,不做也会有人批评。"

当然,对于正常的批评,我们应该欢迎,哪怕言辞激烈或只有百分之一的正确;但对于纯属恶意的人身攻击、诽谤、诋毁、中伤,我们如果不想被它所害,那就只有不去理会。像鲁迅所说的:"最高的轻蔑是无言,而且连眼珠子也不转过去。"

美国前总统林肯曾就那些刻薄的指责写过一段话,后来的英国前首相丘吉尔把这段话裱挂在了自己的书房里。林肯是这样说的:"对于所有的攻击言论,假如回答的时间大大超过研究的时间,我们恐怕就要关门大吉了。我竭尽所能做我认为最好的,而且我一定会持续直到终了。假如结局证明我是对的,那些反对的言论便不用计较;假如结局证明我是错的,那么纵有十个天使替我辩护,也是枉然啊!"

明代人屠隆在《娑罗馆清言》中有这样一则清言:学道历千魔而莫退,遇辱坚百忍以自恃,到底无损毫毛,转使人称盛德。当时之神气不乱,入夜之魂梦亦清。这则清言的大意是:一个人在奋斗的过程中,要用坚强的意志来支撑自己,忍受一切可能遇到的屈辱。只要坚持下去,就能取得成功。在遭遇苦难侮辱时,要保持泰然平静的心态。到晚上入睡时,把这一切都抛诸脑后,得一份清爽的心情。

面对屈辱,中国古代智者的对策是"忍",而且是"坚忍",就是以极大的意志力来控制自己将要如火山一样爆发的情绪,使心态平静下

来,把注意力集中到更有价值的事情上去。经常这样训练自己,你就会养成一种明智的处世态度,也就有了屠隆所说的"盛德"。

第二,要学会幽默智慧地处理问题。

历史上不少名人都曾遭人嘲笑,受到屈辱,但他们没有恼羞成怒,反而用智慧巧妙地化解了尴尬,还将对方变成了自己的朋友、伙伴。

美国有位来自伊利诺伊州的议员叫康农。刚刚上任时,有一位议员嘲笑他说:"这位从伊利诺伊州来的先生,你的口袋里恐怕还有燕麦吧!"这是在讽刺他还没有摆脱农夫的气息。

虽然这种嘲笑很让人难堪,但康农并没有生气,而是从容不迫地答道:"我不仅口袋里有燕麦,而且头发里还藏着草屑。我们西部人难免有些乡村气,可是我们的燕麦和草屑,却能生长出最好的绿苗。"

当时与康农一道随行的人要求康农去找那位议员,康农却说:"算了吧!像他这样的人,不必与他争论。"

康农面对羞辱并没有恼火,而是很好地调整了自己的情绪,并且顺水推舟,做了绝妙的回答,不仅没有受到损失,反而显示了他博大的胸怀。而后的事实更说明了康农的高明,后来他们成为了一对政治上的伙伴。

美国大科学家富兰克林也有一件这方面的逸事。青年时为了谋生,富兰克林在费城开了一家小小的印刷所。有一段时间,他被选任为宾夕法尼亚议会的书记。在选举之前,有一个议员对他发表了一篇很长的反对演说,把富兰克林批评得一文不值。遇到了这样一位出其不意的敌人,该怎么办才好呢?

我们听听富兰克林自己的描述就知道了:"对于这位议员的反对,我当然很不高兴。不过,他是一位有学识、有修养的绅士,他的声誉和才能在议院里有一定的地位。尽管如此,我也绝不会对他表现一种卑

鄙的阿谀,以取得他的同情与好感。我只在隔了数日之后,运用了一个适当的方法。

"我从一个朋友口中了解到,他的藏书室里有几部很名贵、很罕见的书,于是我写了一封简短的信给他,说明我想看看这些书,希望他能慨然答应,借我数天。当他收到信以后,立刻就把书送了过来。大约过了一个星期,我将那些书送去还他,另外还附了一封信,很热烈地表示了我的谢意。他以前从不和我谈话,自从借书后,当我们下一次在议院里相遇的时候,他竟然跑上前来和我握手交谈,而且非常客气。他对我说,他乐意在一切事情上帮助我,于是我们成为了知己,一直维持着良好的友谊。"

看看,学会幽默智慧地处理问题,会收到意想不到的效果。

有些人受不了别人对自己的批评,哪怕是最微小的批评、纠正或指责,甚至是建议,都会令其生气不已,甚至因此做出十分过激的反应。其实,我们完全可以用平常心去对待这些批评,心平气和地聆听,即便对方说得有些偏颇,我们也可以用冷静的方式去应对。任何时候,生气抓狂只会让事情变得更加糟糕。

米开朗琪罗是意大利著名的雕塑家。一次,佛罗伦萨市政长官向他发出热情的邀请,希望他能来佛罗伦萨把一块巨大的大理石雕成一座栩栩如生的人像。

于是,米开朗琪罗风尘仆仆地赶到了佛罗伦萨,开始紧张的雕刻工作。两年后,一座战士塑像矗立在了佛罗伦萨市政广场上。

这件艺术精品揭幕那天,参观者都对它的宏伟赞不绝口。市政长官也来了,他装模作样地左瞧瞧右看看,仔仔细细地端详再三,然后摇了摇头。

米开朗琪罗问道:"有哪里不合适吗?"

"米开朗琪罗先生,那鼻子太低了。"市政长官装作很专业的样子说。

米开朗琪罗明白,对艺术一窍不通的市政长官这是故意在鸡蛋里挑骨头。但是他谦逊地笑了笑,站在雕像前端详了一番,然后大声说:"是啊!鼻子好像是有些不合适。不过不要紧,我立刻改变他的形象,保证让您满意。"

说完,米开朗琪罗沿着脚手架爬上了雕像,在雕像的鼻子上忙活了一番,大理石粉扑簌簌地落下来。

过了好一会儿,米开朗琪罗爬下架子,拍拍双掌,石粉末随风飘落。然后,他恭敬地向市政长官说:"您看看,现在行吗?"

市政长官围着石像重新审视了一遍,高兴地大声称赞:"嗯,行,照我说的改了以后,这雕像好看多啦。"

市政长官走后,米开朗琪罗去洗了洗手。其实他根本没有改动雕像的鼻子,不过是趁市政长官不注意时偷偷抓了一把大理石粉,故意在雕像的鼻子上揉来揉去,假装"修改"的样子。

米开朗琪罗此举既顺从了对方的意志,又不丧失自己的原则,不仅避免了惹怒对方,也让自己的意见得以保留了下来。

年轻时候的柏拉图已经非常有成就。一次,一个朋友送了他一把精致的椅子,以表达对柏拉图的肯定。不久之后,柏拉图邀请了一群人到家中做客。大家看到了那把漂亮的椅子,纷纷询问它的来历,知道了之后,大家也都纷纷对柏拉图表示赞赏。突然,其中一个人站上了那把椅子,疯狂地乱踩乱跳,嘴里还念念有词道:"这把椅子代表着柏拉图心中的骄傲与虚荣,我要把他的虚荣给踩烂!"

这一举动让在场所有人,包括柏拉图在内都吓了一跳!但随后,柏拉图做了一个平静的举动,只见他不疾不徐地回房里拿了块抹布,把

那把已经被踩得脏兮兮的椅子擦拭干净。之后，还请那位踩椅子的朋友坐下，不紧不慢地用诙谐并颇具深意的语气说道："谢谢你帮我踩碎我心中的虚荣，现在我也帮你擦去你心中的嫉妒。这会儿，您可以心平气和地坐下和大家喝茶、聊天了吗？"

没有人是完美无缺的，所以每个人都可能会遇到别人给予我们的建议以及批评。当遇到批评时，我们可以试着采取以下方法更好地接受它。

(1)平复自己的心情，耐心倾听批评者在说些什么，了解他们想要表达的观点。不要一边点头，一边准备反驳。

(2)一定不能事先在心理上筑起一道防护墙，而要有勇于接受任何批评的心态。深吸一口气，提醒自己："我欢迎批评。""我渴望听一些改进的意见。""这个人在帮助我。"

(3)不要反唇相讥，因为这更容易激起"战争"。你的话只会让对方觉得你试图反驳，而且这将会让"战火"升级。这样的冲动很难抵制，因为攻击对方的冲动在你受到批评时是很强烈的。但这对解决问题并没有帮助，也肯定是没有效果的。

(4)试着缓和情绪，如深呼吸、在心里数数、隔一晚等到第二天再发出那封电子邮件等。

(5)承认自己的错误，拥抱批评。这是极为有效的接受批评的方法。事实上，尝试新事物、眼光过高等都会让你更容易被批评。换个角度去想这件事，对自己说要享受失败的美好，这样你会感到更加快乐。

第三，要内心强大，不怕"小人"。

张妍是一个大公司的职员，她所在的部门里有个叫朱健的人，特别爱告黑状。前不久，与朱健一起竞选经理的陈红有几天没来上班，朱健就对老板说陈红滥赌了几天，所以没法来上班。老板一听大怒，立即

炒了陈红的鱿鱼,朱健也顺理成章地当选为经理。而事情的真相是,陈红怀孕流产,托朱健向老板请几天病假,谁知竟丢了工作。

张妍非常惊诧朱健的手段,但现在朱健已是张妍的顶头上司,张妍暗暗提醒自己要多加小心,可还是"防不胜防"。

周末,毕业多年的老同学约定聚聚,张妍就提前向朱健请好了半天假。上午,经理说她们上报的一组数据不对,朱健一听就说:"张妍,你怎么这么不小心?想早走也不能不顾工作呀?"张妍一听,心里真委屈,这数据明明是他给她的。张妍忍不住拿出了有朱健签名的底稿,申辩了一句:"我只是把它报上去而已。"

朱健的脸色顿时阴沉了下来。

12点半时,张妍正准备走,朱健发话了:"张妍,下午经理要你报一个重要的规划,天大的事也不能走!"部门从来没有一个规划半天就能完成的,这摆明了是在刁难人。张妍终于忍不住,对他愤怒地大吼:"你出尔反尔、假公济私,告诉你,别说你不让我走,就是炒了我,今天我也非走不可!"

第二天上班,朱健就像没事一样,但发工资的时候,张妍的工资却被扣掉了十分之一,据说是张妍擅自离岗,按旷工处理的。

不久,部门去做业务培训,符合条件的只有张妍和另外一个员工。但是通知下来,却没有张妍。原来,朱健说工作太忙,没有办法抽掉两个人。

年底,张妍没有被加薪,反而被降成了次岗。张妍越想越是苦闷,再这么下去,工作还有什么意思呢?

职场中的人际关系非常复杂,尤其是一些职场小人,会让我们觉得非常难缠。可是一味地生气、对着干,不能解决任何问题。

小人的功夫全在嘴上,因为他们没有实际能力,只能做口头上的巨人。

他们都喜欢炫耀自己,专门择人之不为而为之,是自私和虚荣心的一种体现。永远把自己摆在第一位的人,会为了一己私利,做出有损他人和集体的事情。同样,一个虚荣心极强的人,你也不要指望他能对集体有什么贡献。因为虚荣心越重,责任心就会越差,对工作也就越不在意。

对于拥有权力的核心人物,谁都想靠得近些。在这些人的周围,既有真诚的君子,也有虚伪的小人。在某种程度上,小人在这些人身上下的功夫更多,因为他们要利用核心人物的力量去排挤别人,以满足自己的私欲。他们往往表现得异常乖张,上蹿下跳,看着比谁都忙,比谁都热心。但这只是表象,是蒙蔽他人的障眼法。所以,对待小人,只可远而不可亲,否则便会当局者迷。

类似的话,诸葛亮在《出师表》中也曾说过:"亲贤臣,远小人,此先汉所以兴隆也;亲小人,远贤臣,此后汉所以倾颓也。"两个鲜明的对比,也道出了小人的危害性。职场犹如江湖,本就鱼龙混杂。况且,权力是没有感情的,自然也就没有分辨力,不能判断谁是君子,谁是小人。有这个能力的,是掌控权力的人。

小人总是深藏不露的,这就让人们在判断上难免会有偏差。而诸葛先生的一席话,犹如一盏指明灯,为我们照亮了方向。苍蝇叮不了无缝的蛋,只要大家心里对小人有了防范,适时远离他们,那些小人自然也就无计可施了。

2.己所不欲,勿施于人——问题不一定在别人身上

马丽玲的性子急,所以她和她前老板们之间的关系非常僵。

第一个老板是个年轻的小企业主,没什么文化,就是怕老婆,马丽玲是他的秘书。有一次,老板娘找到她,跟她说:"女孩子要自重。"马丽

玲一时火起,站起身,不假思索地大声说:"有没有搞错?我从来不跟比自己矮的男人拍拖,也不看看你老公……"

两天后,马丽玲毫无悬念地辞职了。办完了离职手续后,她才知道,那天老板娘只是想提醒她在办公室不要穿吊带衫。

第二个老板是个中年女人,据说经常挑剔她的工作进度。马丽玲竟公然把MSN的签名档改成了"在更年期妇女统治下的日子",她也一度成为了办公室里的风云人物。没想到,老板竟由此对她和善起来,不再挑三拣四。

到了年底,老板笑眯眯地拿出两个月薪水,打发她走人,临行前还对她说:"那时候我管你,是因为觉得你是块好玉,可你既然连最起码的宽容都没有,我只好放弃,任由你而去了。"事后,她听说一起入职的小姐妹已经升职为公司业务部经理。

再次见到她时,是在几年后各单位部门高层管理者聚集的年会上。马丽玲精致的妆容、得体的谈吐、恰到好处的举止,让人刮目相看。大家忍不住问她:"你是如何混到这一步的?现任老板合你的意了?"

马丽玲愉快地跟大家分享了她的经历:"如今的我学乖巧了,再不会和老板正面冲突了。工作中若碰到不开心的事,我就把它们写在纸上,一条一条列出来。假设自己是老板,对方是我,那么站在老板的角度想想,自己究竟做得对不对?有没有更好的方法?解决一条就打一个叉。

"如果实在无法解决,过几天再把纸拿出来看,看看事情是否真如想象中的那么严重。如果我是对的,我就再找机会和老板商讨。这段时间,老板也该调整好心态了,这时再把意见提呈上去,被接受的概率会高很多。"

有些时候,我们觉得别人总是针对自己、嘲笑自己、为难自己、对自己不公平,其实都是因为我们站在自己的角度看问题,关注的只有

自己。而领导要从全局出发,关注到所有的员工。当你站在领导的立场想问题的时候,或许你会发现,很多时候根本没有发火的必要。

遇到问题的时候,先冷静下来,站在别人的立场上想一下,己所不欲,勿施于人,心胸自然就开阔了。

第一,要学会从别人的冷漠中看见自己的不足。

很多时候,不是别人看不起你、刁难你,而是你自己做得不够好,让人有话可说。

一个财主遇到了一个穷人。财主对穷人说:"我这么有钱,你怎么不尊重我呢?"

穷人回答:"你有钱和我有什么关系?我为什么要尊重你呢?"

财主说:"我把我的财产分给你一半,你会尊重我吗?"

穷人回答:"你把财产分给我一半,我就和你一样了,为什么还要尊重你?"

财主又说:"那我把财产全部给你呢?"

穷人说:"那我就更不会尊重你了,因为我是富人,你是穷人了。"

这虽然是一个笑话,却说明了一个道理:如果你想得到别人的尊重,除了金钱外,还必须拥有让人信服的条件,包括特质、素养、情操和意志等。

行事不顺的人通常都很敏感,十分在意别人对自己的态度,往往因此而患得患失。其实,面对别人的不友善,我们最该做的,就是打开体内的应急按钮,调动所有的防毒软件,全面修护自己的情绪和感受,把无聊的闲言闲语和猜忌都扔掉,只留下能激励自己的箴言。

汉代名将韩信发迹之前,曾经流浪街头。一个在河边漂洗棉絮的老太太可怜他,每天都省下一碗饭给他,一连供养了他几十天。韩信填

饱了肚子后,忍不住慷慨激昂起来,对老太太说,自己将来一定会重重报答她的恩德。老太太一听,勃然大怒,训斥道:"大丈夫不能自食,吾哀王孙而进食,岂望报乎?"这句话大意就是说,你一个堂堂男子汉不能自立,我只是可怜你才为你准备餐食,根本没有指望得到什么回报,你如此豪言,真是可笑至极!

老太太的一番话,可以说是相当刚硬绝情!一个贫苦无助的老太太,却对着七尺男儿说出如此训言,对于韩信来说简直是羞辱到了极点。然而,也正是这当头一棒,把一直处于迷惘中的韩信拉了出来,让他有了想要改变现状的强烈意愿。

明代思想家吕坤说:"贫不足羞,可羞是贫而无志。"若是一个人缺乏斗志,只会夸口而没有真正的实力,连自己都无法照顾好,怎么可能回报和馈赠他人呢?况且,那时候的韩信理应是羞愧难当的,怎么反而好意思冲着老太太允诺呢?

被人嘲讽是非常难堪的事情,但因为无法回避,所以最好的方法就是将它有效地消化,成为一个激发你开拓新局面、扭转逆势的开端。

哲学家蒙田说:"若结果是痛苦的,我会竭力避开眼前的快乐;若结果是快乐的,我会百般忍耐暂时的痛苦!"

一个人处于弱势时,千万不要去回忆那些曾经的风光,也不要抱怨世道的不公平,更不要沦为可怜的"气球人"(处处受气,处处求人)。我们需要做的就是找到失败的原因,把过去的一切打包,建造一个丰富的经验库,然后没有任何负担地大步前进。而沿途的重要工作就是,重拾自己的优势和信心,让别人看到你的光亮!

别人的不友善,我们无力改变。但是,我们可以尽力提升自己的形象和价值,让自己原本微弱的力量逐渐强大,直到每个人都无法忽略我们的存在。

俄国文豪屠格涅夫曾说:"先相信你自己,然后别人才会相信你。"

如果连你自己都轻视自己,那你要如何得到别人的尊重呢?

想要获得成功,必须倚仗很多因素,其中自身的条件是最为重要的。如果你本身就是一颗钻石,不巧被遗失在一个沙滩上,被人们当作低劣的沙砾来看待。那么,只要你不灰心、不慌乱,耐心等待一次次潮来潮涌的翻动,你的光亮最终肯定可以吸引每一个人的目光。即使海浪有可能将你继续掩埋,那也是暂时的,你良好的特质丝毫不会因为与沙砾混合而有所改变,你仍是值得珍藏的上品。

第二,要学会尊重别人,这等于尊重自己。

中国有句古话:"士为知己者死,女为悦己者容。"这是尊重的一种外在表现,同时也是尊重的巨大威力。"你敬我一尺,我敬你一丈",这就是中国人为人处世的伦理规则。篮球明星姚明说:"尊敬要靠自己赢得,不是靠别人给予。"

尊重是人际交往的前提条件。在职场的人际关系中,要想获得他人的尊重,我们首先要去尊重他人。

李开复当年在卡内基·梅隆大学学习时,读博期间选择的研究方向是"语音识别",他的导师罗杰·瑞迪给了他很大帮助。导师鼓励他用专家统计的方法来研究语音识别,而李开复在这个领域经过一番研究后,发现用这个方法可以获得特定语者95%的语音识别率。李开复把整个研究过程写了一篇论文,一经发表,得到了很多正面的回馈。但是他最终发现,专家系统是有严重局限性的,无法延伸到做不特定语者的语音识别,他认为有数据支持的统计模式是唯一的希望。

当他把想法告诉导师时,导师告诉他:"我不同意你,但是我支持你!"这样的说法让李开复备受感动,也成就了李开复博士论文的成功。他的论文当年被评为《商业周刊》最杰出创新。

每个人对每件事都会有不同的看法和不同的理解,我们不能期望

大家的意见完全一致。

所以,要尊重别人表达或保留不同的意见,"我不同意你,但我支持你"。用宽广的胸怀包容并尊重他人的不同意见。

在职场中,经常有觉得对方意见不妥或相互意见不一致的时候。如何表达自己的"不同意"是很有讲究的,千万不能粗暴地用"不同意"这三个字来扼杀其他人的思考和创新。即便"不同意",你也应该让对方感受到自己很尊重他。

关于"不同意"的艺术,李开复根据个人的体会,给出了以下几点建议:先用同理心获得别人的尊重,让别人愿意倾听你的想法;秉持对事不对人的态度,即使发生争吵,大家也不会心存芥蒂;保持自信,前提是你必须考虑清楚自己的理由是否合理、充分;保持建设性;提出反对意见容易,但能够提出反对的理由并提出改进方案,才会更容易被对方所接受;提反对意见时,一定要注意自己的态度和语气;循循善诱提问,帮助对方梳理思路;当众论事,给别人留脸面,才会让别人不觉得尴尬,更愿意接纳你的意见;只在必要时展开争论。

一个人内心最大的渴望之一是得到别人的尊重,别人希望我们能尊重他们,我们也希望别人尊重我们。但尊重要靠自己赢得,只有我们先尊重别人,才能得到别人的尊重;只有我们在心理上有尊重别人的想法,才可能做出尊重别人的行动。职场中、生活中,学会尊重他人就如同面对一面镜子,你对它笑,它也会对你笑。

尊重别人是一种美德,它会赢得认同、欣赏和合作。请你记住:不尊重朋友,你将失去快乐;不尊重同事,你将失去合作;不尊重领导,你将失去机会;不尊重长者,你将失去品格;不尊重自己,你将失去自我。

当然,要别人尊重我们,最重要是我们要成为一个高雅的人、优秀的人,也就是我们本身必须值得别人尊重。我们的性格、志趣、爱好等,都要有值得别人尊重的地方。如果自己是一个低俗的人,即使我们尊重别人,别人也难以尊重我们。别人会因与我们为伍而感到不自在,甚

至感到耻辱,那将会是我们一辈子的悲哀。

叔本华说:"要尊重每一个人,不论他是何等的卑微与可笑。要记住活在每个人身上的是和你我相同的性灵。"其实,尊重别人用不了很多的付出,也许我们一句关心的话就可以让别人感动,让一个心怀自卑的人树立起自尊,让一个处境窘迫的人重新找回自信。

第三,要把握职场说话的分寸。

有没有社交能力、办事水平,主要表现在能否把握说话尺度和办事分寸上。恰当的说话尺度和适宜的办事分寸是我们获得社会认同、上司赏识、下属拥戴、同事喜欢、朋友帮助和恋人喜爱最有效的手段。

要想得到别人的信赖,嘴上说话一定要有个把门的,一定要把握好分寸。下面几条谈话规则,希望对你有帮助。

规则一:在听对方说话的过程中,要始终保持一种积极的态度,这样做能营造出良好的交谈气氛。对方越能感受到你的倾听兴趣,他就越能准确表达自己的想法。相反,如果你在听话的时候表现得很消极,总是动不动就说"我知道""我懂了"之类不耐烦的话,对方就会很伤心,不想和你继续交谈。

规则二:别人同你说话的时候,你要面向说话者,同他保持目光的亲密接触,同时注意姿态和手势。无论你是坐着还是站着,都要与对方保持最适宜的距离。

规则三:以相应的行动回答对方的问题。对方与你交谈是想得到某种可感的信息,或者迫使你做某件事情使你改变观点,或者渴望得到你的安慰理解等。这时,你要采取适当的行动,比如对方和你聊到他遇到了工作瓶颈,如果有好的建议尽管告诉他,如果有能帮他的书籍或者工具,也可以提供给他。这本身就是对对方最好的回答方式。

规则四:不要不懂装懂,没听见装作听见,也别逃避交谈的责任。作为一个倾听者,不管在什么情况下,如果你不明白对方说的是什么意思,就应该让他知道你没听明白。

规则五：要观察对方的表情。交谈很多时候是通过非语言方式进行的，那么你不仅要认真听，还要注意对方的表情变化，比如看对方的眼神、说话的语气及音调和语速的变化等。

放开怀抱，坦然地接受工作带来的一切

"这山望着那山高"，这似乎是人们一种普遍的心理。所以，现在有一些白领总是觉得自己的工作不是很好，希望能找到一份更满意的工作。比如，我们在与周围朋友聊天的时候，很少能听到有人说对自己的薪酬十分满意，对自己的工作状况十分满意；相反，大家好像都在抱怨自己的工作不是很好，收入跟别人比起来实在是太少了，等等。

1.职场上没有百分之百适合你个性的工作

过去，人们常说"龙生龙，凤生凤，老鼠的儿子会打洞"。这意思是说，每个人都有特定的禀赋，相对而言，比别人更适合做某一类工作。现在有些白领觉得工作不满意，就是因为他们认为目前的工作不适合自己的个性，所以他们总想找一份更适合自己的工作。

从心理学角度来看，他们的这种想法并不是没有道理的，因为不同的个性对他们所从事的工作确实有一定的影响。

1989年，美国心理学家麦克雷、可斯塔等人提出了"五大个性模型"，即人们的个性分为外向型、宜人型、责任感型、情绪稳定型和开放型。

这五大因素都和人的习惯有关,与工作效率之间的关系也十分密切。比如,有的人擅长思维,动手能力差,让他去做市场策划可能是个高手,但让他去做外科医生,则有可能一塌糊涂。

那么,这种个性就是绝对的吗?

有两个个性相近的编辑在同一家出版社工作。A编辑看上去非常喜欢自己的工作,她每收到一部好书稿,就会感到很幸福,因为不仅能产生阅读的愉悦,而且是一个自我学习和提高的过程;而B编辑则完全相反,她很不喜欢做编辑工作,只是因为找不着其他让自己满意的工作,才勉强做这份工作的。她之所以不喜欢做编辑,除开劳动强度之外,还感觉自己总在为人做嫁衣裳。

在同一个出版社,同样是做编辑工作,这至少说明她俩的工作本身没有"幸福"与"乏味"之分,且她俩的个性差别并不大,那是什么原因让她俩对同样的工作产生迥然不同的感受呢?

导致这种差异的原因就是她俩不同的价值观。

工作满意与否不取决于工作本身,而取决于你本人的"个性"特点和价值观。

职场上没有百分之百适合你个性的工作,个性并不等于天性,它不是绝对不能改变的。所以,自我调整非常必要。你调整了自己的心态,就能适应工作的要求。只有这样,你才有可能在工作中找到满意感。

比如,按个性分类,从事推销工作的人最好具备"宜人型",即性格外向,而且表达能力强。但事实上,销售业绩最好的人往往并不是那些伶牙俐齿的人,而是那些看上去性格比较内向的人。他们性格内向、拙于言辞,但他们能根据客户的需求调整自己,尽量与客户沟通。他们虽然话不多,很多时候更像个咨询师,但一说就能说到实处,能让客户感

到放心。因此，很难说是工作适应了他们的个性，还是他们的个性适应了工作。

现在，很多白领都在寻找适合自己个性的工作，并以这个来判断工作是否满意，而没有想过要去调整自己。所以，不到一两年，甚至不到一年，就觉得现在的工作不适合自己，于是挥挥手，不带走一片云彩就跳槽了。这样既不利于职业的长远发展，也很难找到真正的幸福。

凡事都具有两面性，工作也一样。如同玫瑰，虽然有美丽的芬芳，但也有扎人的刺。我们在收获工作的回报与成就感时，也应该理性地接受其中的不完美。

对于每一个人来说，既然已从事了一种职业，选择了一个岗位，就应该去接受它的全部。工作中会有我们喜欢的部分，比如工资与成长，也会有我们不是很喜欢的部分，比如困难与挫折。但这些都是我们的工作，是一个整体，任何人都不能将其分开。如果你想享受工作带给你完整的幸福，那就一定要接受工作这个整体。只有体会了完整的过程，才会让幸福的笑容更美。

"你需要一个不会渗漏的阀门，并且竭尽所能开发这样的阀门。但是现实世界给你提供的是渗漏的阀门，因而你必须做个决断，你到底能忍受多大程度的渗漏。"这是研发土星五号、实施第一次阿波罗登月计划的科学家阿瑟·鲁道夫对"风险"概念的表述，但反过来，也可以认为是对工作并不完美的最佳注解。

卡耐基说："事情的本身不能使我们快乐或不快乐，决定我们感觉的是我们对事情的反应方式。"工作是否会有成果，往往取决于对待工作的态度。以包容的心态去面对工作，会激发我们在工作中的热忱；以抱怨的心态去面对工作，则会消磨我们在工作中的激情。

工作是一个人的使命，坦然地接受工作的一切，除了益处和幸福，还有艰辛和忍耐。只想享受工作的益处和幸福的人，是不负责任的人。他们在喋喋不休的抱怨中、在不情愿的应付中完成工作，必然享受不

到工作的满足感。

那些在求职时念念不忘高位、高薪,工作时却不能接受工作所带来的辛劳、枯燥的人;那些在工作中推三阻四,寻找借口为自己开脱的人;那些不能任劳任怨满足客户要求,不想尽力超出客户期望提供服务的人;那些失去激情,任务完成得十分糟糕,总有一堆理由抛给上司的人;那些总是挑三拣四,对自己的工作环境、工作任务这不满意那不满意的人,都需要反思一下自己的工作态度是不是出了问题。

每一份工作都蕴涵着无数个成长的机遇。任何一份工作都值得你认真对待,值得你去做好。

刚做旋车工的萨姆尔·沃克莱日复一日的工作就是旋螺钉,看着那一大堆等待他去旋车的螺钉,萨姆尔·沃克莱牢骚满腹,心想:自己干什么不好,为什么偏偏来旋螺钉呢?他想过找老板调换工作,甚至想过辞职,但都行不通。最后,他寻思着能不能找到一个积极的办法,使单调乏味的工作变得有趣起来。

于是,他和工友商量开展比赛,看谁做得快。这个办法果然有效,他们工作起来再也不像以前那样乏味了,而且效率也大大提高了。不久,他们就被提拔到了新的工作岗位上。后来,沃克莱成了一家著名的火车制造厂的厂长。

不要把工作看成是一种谋生手段,而应该把它当成一种乐趣,这样你才能为工作投入,甚至为它痴迷。这时,所有的困难都会变得容易起来,因为工作已经成为了一种享受。

“世事岂能尽如人意”,人生也好,工作也罢,都是在不断改进自己的过程中前行,而完美的结果和完美的过程都是不存在的。既然没有一项工作是完美的,也没有一项工作会让一个人完全满意,那么我们就应该让自己少一些抱怨,多一些积极的心态去努力进取,这才是我

们正确的态度。

法国思想家卢梭曾经说过,忍耐是痛苦的,但它的果实是甜蜜的。一项工作中有得失是常态,我们应用温和的态度去面对这些得失,尽可能维持原本感恩、喜乐、平安、反省的状态。

一个能够坦然面对挫折、承受工作中的委屈的人,一定能顶住压力,在职场上取得卓越的成就。他们不是天生的强者,却是有着优良品质的卓越者。他们从未将工作中的得失、委屈看作是一种痛苦,而是不断地调整、适应,为自己争取一个个可以成功的机遇。

美国联合保险公司有一位名叫艾伦的推销员,他很想当公司的明星推销员。从很早以前,他就认为自己具有推销天赋,他也确信自己一定能实现这个梦想。

在刚进入保险公司的时候,由于学历低、经验有限,艾伦常常受到同事们的讽刺和排挤。冷嘲热讽对他来说是家常便饭,也时常会有到手的好任务被别人抢先获取的事发生。不过,他并没有计较这些,相反,为了积累经验,他甘愿接受那些别人不愿意接受的任务,而目的仅仅是为了锻炼自己。

那是一个寒冷的冬天,在划分推销区域时,很多同事都向上司申请在市区附近工作,这样可以快点回家休息。而最终讨论的结果是,由艾伦来负责那些距离远、人口少的区域。艾伦什么都没说,而是立即起程,尽管他知道,以前在这个区域还没有谁推销成功过。

但是,他在心里对自己说:"你们等着瞧吧,我一定会成为明星推销员!今天我会再次拜访那些顾客,我会售出比你们的总和还多的保险单。"基于这种心态,艾伦来到了那个街区,访问了每一个人,结果售出了66张新的事故保险单。这确实是个了不起的成绩,而这个成绩也不断激励着他,让他最终成为了真正的明星推销员。

作为一名推销员,艾伦的表现是出色的。面对工作中的委屈,他没有自哀自怜,没有自暴自弃,而是踏踏实实地工作,最后终于成了一名"金牌"推销员。他的经历也提醒我们,每个人的工作、遇到的情况虽然不同,但都可能面临失败、经受委屈。对于同样的问题,有的人消沉萎靡、怨天尤人,有的人却能更加积极、更加正面地去处理。一味纠缠在这些小事上,只会消磨自己的时间,浪费原有的机会。

一位成功的企业家在鼓励员工时说:"在布满荆棘的道路尽头,等待你的会是美丽的花园。你们应当相信:目前所拥有的工作,不论顺境、逆境,都是对自己最好的磨炼和考验。只有如此,你才能在得失和委屈面前依旧心存喜乐,高效工作。"

2.小秘诀找回职场幸福感,用心做个快乐的上班族

工作在带给我们收入、实现我们社会价值的同时,也带来了烦恼:薪水太低,没有和自己的付出成正比;工作压力太大,造成了精神上的困扰;工作时间过长,陪伴家人的时间太少;人际关系复杂,自己无力应对……你抱怨、气愤,只会让自己的幸福感降低。

或许,下面的故事会让你有所感悟。

一位哲人路过一座山,遇见了两位匠人,他们都在用力地凿石头,试图把那一块块坚硬无比的东西从山上取下来,然后再按照客人的要求雕刻成各种造型。哲人看见他们如此卖力地干着,便走上前去问第一位匠人:"你喜欢做这个工作吗?"匠人皱着眉头回答道:"谁会喜欢每天面对这些没有感情的石头啊,它们没有感情,什么都不懂,我是为了生活没有办法才做这个工作的!"哲人点了点头,心想:情有可原。

接着,他又走到第二个匠人面前问道:"你一定对这个工作很厌烦

吧?"匠人用手拭去了额头上的汗,笑了笑说:"不,我喜欢这个工作。我觉得我能将这些普通的石头雕刻成各种美丽的造型,是我在赋予它们生命。而且,当那些我亲手雕刻的作品被别人欣赏时,那种自豪的感觉是别人体会不到的,那是我的财富!"哲人很受震撼,他没想到,做如此工作的匠人,竟然这么有思想。

若干年后,第二位匠人成了远近闻名的雕刻家,而第一位匠人,仍旧满腹牢骚地边抱怨边重复着那些机械的动作。

其实,生活赋予每个人的成功机会是均等的,只是人们的心态不同,结果便有所不同。有的人满怀苦恼,把手中的工作视为无奈之举,得过且过,整天处于不快乐与抱怨之中,结果就是一事无成;而有的人则是用一种愉悦的心情、积极的态度来对待工作,用自己的热情去构筑未来,所以生活就把美丽的收获给了他们。

如果我们都能在自己的工作中找到快乐,那岂不是一举两得的美事吗?为什么不试着让自己像第二位匠人那样,也化腐朽为神奇呢?我们要试着去做一个快乐的上班族!

(1)多些计划,少些失落。

考虑清楚有关自己理想职业的每一件事——从工作形式到工作环境,然后确定自己所追求职业的标准或目的。具体方法是,可把所追求的理想职业划分成尽可能短的各阶段。

如果自己目前只是一名普通员工,你必须寻找一条能帮助自己达到另一职位的晋升之路。你可观察一下是否能调到另一部门,或者先谋个较低的职务,然后找机会进修;最低限度,也要找出妨碍你日后发展的不利因素。谨记,循序渐进是改变不称心工作的最好方法。

(2)承包工作,磨炼自己。

想象自己是个独立承包者,你的雇主是位大客户,然后合理分配你的时间,以达到不仅满足客户所需,而且还能达到从各方面发展自

己的目的。例如,你的工作是负责起草各种报告式文件,用词的好坏对你的上司可能无关紧要,但对于你——一位独立承包人,你应认识到,你使用的措辞技巧可能会开辟一个全新的销售市场。这表面上是取悦你的上司,实际是把你推到独立承包人的地位。

(3)改变认知,摆正工作态度。

"我还要在这个小职位上待多久?真不想干了。""我必须拥有这份工作以养家糊口。"你是否经常面对这两种选择左右为难?不妨将这两句话改成:"这个工作虽然不是很重要,但能让我学到很多东西。我应该有一个积累经验的必要阶段,从而可以在一个合适的时候争取升职或者跳槽。"这样,你的心境就可以渐渐恢复平静,不快乐感也会悄然远遁。

(4)不要像玻璃那样脆弱。

有的人眼睛总盯着自己,所以长不高、看不远;总是喜欢怨天尤人,也使别人无比厌烦。没有苦中苦,哪来甜中甜?不要像玻璃那样脆弱,而应像水晶一样透明、太阳一样辉煌、腊梅一样坚强。既然睁开眼睛享受风的清凉,就不要埋怨风中细小的沙粒。

(5)要工作,也要娱乐。

有些人上岗工作只知道拼命干。一开始在晚上加一两个小时班,不久便整星期地加班,最后连周末也成了办公时间。于是,工作成了霸占全部光阴的"横蛮客"。

这类人除了工作,几乎没有任何社交活动。时间长了,难免会对自己的工作产生反感。

(6)工作认真,娱乐也要认真。

把自己的爱好和业余活动当作本职工作一样认真对待,并同样引以为豪。如今,许多人只把来自办公室的成绩看成真正的成功,结果这些人唯有事业上春风得意时才会沾沾自喜,而一旦工作遇到麻烦,就会感到备受打击。如果你把自尊也系于你的职业之外,工作中受挫时,也容易保持一种积极的态度。

(7)不要讨厌别人，要喜欢别人。

如果你每天早晨一想到上班就害怕，部分原因大概是你与周围同事相处不好。虽然你不喜欢与他们一起工作，但最低限度也应该和他们相处和睦。当你在电梯里对人微笑时，别人也会报以微笑，在办公室也是如此。与不理不睬的人在一夜之间就建立起亲密关系是不现实的，但若你能真诚地去改善关系，你的同事迟早会感受到这一点。假如你对周围一切都心存厌烦——厌烦你的工作、你的上司……你就更要用一种积极方式与人交谈，谈些你喜欢的事，至少你可能会找到与同事的某些共同点。

延伸阅读——释放工作压力

1.运用言语和想象放松——通过想象，训练思维"游逛"，如"蓝天白云下，我坐在平坦的绿茵草地上""我舒适地泡在浴缸里，听着优美的轻音乐"等，在短时间内放松、休息，恢复精力，让自己精神小憩一会儿，你会觉得安详、宁静与平和。

2.肢解法——请你把生活中的压力罗列出来，一、二、三、四……写出来以后，你会发现，只要你"各个击破"，这些所谓的压力，便可以逐渐化解。

3.想哭就哭——心理学家认为，哭能缓解压力。心理学家曾给一些成年人测验血压，然后按正常血压和高血压编成两组，分别询问他们是否哭泣过。结果87%血压正常的人都说他们偶尔哭泣，而那些高血压患者却大多数回答说从不流泪。由此看来，让情感抒发出来要比深深埋在心里有益得多。

4.一读解千愁——在书的世界里遨游时，一切忧愁悲伤都会抛诸

脑后,烟消云散。读书可以使一个人在潜移默化中变得心胸开阔、气量豁达、不惧压力。

5.拥抱大树——在澳大利亚的一些公园里,每天早晨都会看到不少人拥抱大树,这是他们用来减轻心理压力的一种方法。据称,拥抱大树可以释放体内的快乐激素,令人精神爽朗;而与之对立的肾上腺素,即压抑激素则会消失。

6.运动消气——法国出现了一种新兴的行业:运动消气中心。中心有专业教练指导,教人们如何大喊大叫、扭毛巾、打枕头、捶沙发等,做一种运动量颇大的"减压消气操"。在这些运动中心,上下左右皆铺满了海绵,任人摸爬滚打、纵横驰骋。

7.嗅嗅香油——在欧洲和日本,风行一种芳香疗法。特别是一些女孩子,十分沉迷于这些由芳草或其他植物提炼出的香油。原来,香油能通过嗅觉神经,刺激或平复人类大脑边缘系统的神经细胞,对舒缓神经紧张和心理压力很有效果。

8.吃零食——吃零食的目的并不仅仅是为了满足口腹之欲,它还可以缓解紧张的情绪和内心的冲突。

9.穿上称心的旧衣服——穿上一条平时心爱的旧裤子,再套一件宽松衫,你的心理压力就会在不知不觉中减轻。因为穿了很久的衣服会使人回忆起某一特定时空的感受,并深深地沉浸在对过去如梦般的生活眷恋中,人的情绪也会为之高涨起来。

10.养宠物益身心——一项心理学试验显示,当精神紧张的人在观赏自养的金鱼或热带鱼在鱼缸中姿势优雅地翩翩起舞时,往往会无意识地进入"宠辱皆忘"的境界,心中的压力也会大为减轻。

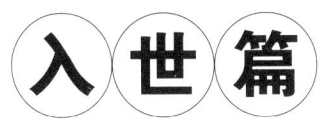

给世界一份宽怀

人生百年，匆匆一回。谁主沉浮，本无所谓。德厚流芳，精神千秋。走一回人生，不要希求改变什么。佛教徒留给这个世界的不会是诅咒，不会是怨恨，不会是烦恼；佛教徒留给这个世界的只有慈悲、欢喜、祝福和平安。

——延参法师谈"宽怀人生"

第一章

做人不能太"较真"，
该宽怀时且宽怀

镜子看上去很平，但在高倍放大镜下，就成了凹凸不平的山峦；肉眼看上去很干净的东西，拿到显微镜下，满目都是细菌。试想，如果我们"戴"着放大镜、显微镜生活，恐怕连饭都不敢吃了。再用放大镜去看别人的毛病，恐怕许多人都会被看成罪不可恕、无可救药。

"水至清则无鱼，人至察则无徒"，做人不能太较真。想要活得潇洒、快乐，就一定要该宽怀时且宽怀。

人至察则无徒,对别人不要太较真

人非圣贤,孰能无过。与人相处就要互相谅解,经常以"难得糊涂"自勉,求大同,存小异,有肚量,能容人,这样的你会有许多朋友,且左右逢源,诸事遂愿;相反,"明察秋毫",眼里揉不进半粒沙子,过分挑剔,什么鸡毛蒜皮的小事都要论个是非曲直,你容不得别人,别人也会远远地躲着你。最后,你只能关起门来"称孤道寡",成为使人避之唯恐不及的人。

1.别逼着对方认错,别直率地说"你错了"

如果你肯定别人错了,而且直率地指出其错误,结果会如何呢?不论你用什么方法,一个眼神,一种声调,一个手势,明显地告诉别人他错了,你以为他会同意你吗?绝对不会!因为你的行为直接打击了他的判断力和自尊心。

你直率的纠错只会招致他的反击,即使你搬出所有柏拉图或康德式的逻辑,也改变不了他的意见。因为他若认错,等于是在承认:"你比我更聪明。"

有位年轻的律师,在纽约最高法院参加一个重要案子的辩论,案子牵涉到一大笔钱和一个重要的法律问题。在辩论中,一位最高法院的法官对他说:"海事法追诉的期限是6年,对吗?"

这位律师蓦然停住，看了法官半天，然后直率地说："法官先生，海事法没有追诉期限。"

"庭内顿时安静了下来，"他后来讲述他当时的感受时说，"气温似乎一下子降到了冰点。我是对的，法官是错的，我也据实告诉了他，但那样就使他变得友善了吗？没有。我仍然相信法律站在我这一边。我知道我讲得比过去精彩，但我没有尊重他的感情，用讨论的方式据理说明我的观点，而是当众指出一位声望卓著、学识丰富的人错了，从而引起了本可避免的争端和误会。"

人们可以很轻松地向自己承认错误，却很难接受别人的指责。而如果对方处理的方法很适合，而且友善可亲，我们也会对别人承认，甚至为自己的坦白直率而自豪；但如果有人直截了当、盛气凌人地指着我们的鼻子说："你错了！"我们又是什么感觉呢？

所以，不要在对错上较真，尤其不要逼对方承认他错了。

富兰克林在年轻时候有好争辩的习惯，一位教友会的老朋友把他叫到一旁，尖刻地训斥了他一顿："你真是无可救药。你已经打击了每一位和你意见不同的人。你的意见变得太珍贵了，没有人承受得起。你的朋友发觉，如果你在场，他们会很不自在。你知道得太多了，没有人再能教你什么，也没有人打算告诉你些什么，因为那样会吃力不讨好，还会弄得很不愉快。因此，你不能再吸收新知识了，但你的旧知识又很有限。"

富兰克林接受了那次教训。他领悟到自己的确是那样的，也发觉他正面临失败和社交悲剧的命运。于是，他下决心改掉了傲慢、粗野的习惯。

"我立下了一条规矩，"富兰克林说，"绝不准自己太武断。我甚至不准自己在文字或语言上有太肯定的意见表达，比如'当然'、'无疑'

等,而改用'我想'、'我假设'、'我想象一件事该这样或那样',或'目前,我看来是如此'。当别人陈述一件事而我不以为然时,我绝不立刻驳斥他或立即指正他的错误。我会在回答的时候,表示在某些条件和情况下,他的意见没有错,但在目前这件事上,似乎会稍有不同。我很快就体会到了我这种改后态度的收获:凡是我参与的谈话,气氛都融洽得多。我以谦虚的态度来表达自己的意见,不但容易被接受,更减少了一些冲突。我发现自己有错时,不会遇到什么难堪的场面;而我自己碰巧是对的时候,更能使对方不固执己见而赞同我。

"我最初采用这种方法时,确实和我的本性相冲突,但久而久之就逐渐习惯了。也许50年来,没有人听我讲过什么太武断的话,这是我提交新法案或修改旧条文能得到同胞的重视,而且在成为民众协会的一员后具有相当影响力的重要原因。我不善辞令,更谈不上雄辩,遣词用字也很迟疑,还会说错话,但一般说来,我的意见还是会得到广泛的支持。"

针对这一点,卡耐基先生也有同样的感受。

有一次,卡耐基的朋友彼得请一位室内设计师为自己的卧室布置一些窗帘。等账单送来,他大吃一惊。过了几天,一位朋友来看彼得,他看到那些窗帘,便随口问了一下价钱。得知价格后,这位朋友面有怒色地说:"什么?太过份了,我看他占了你的便宜。"

事实上,他说的的确是实话,可是很少有人肯听别人否定自己判断力的实话,彼得开始为自己辩护。他说贵的东西终究有贵的价值,你不可能以便宜的价钱买到质量高而又有艺术品味的东西,等等。

第二天,另一位朋友也来拜访。与之前那位不同的是,他对那些窗帘赞扬了一番,而且表现得很热心,说希望自己家里也能买得起那些

精美的窗帘。而此时彼得的反应也完全不一样了。

"说句老实话,"他说,"我自己也负担不起,我所付的价钱太高了。我后悔订了这些。"

不逼别人认错,就能避免麻烦,避免不必要的争执,还能使对方跟你一样宽容大度;并且,你友好的态度,还会使他坦白承认他也可能弄错了。

因此,如果有人说了一句你认为错误的话——即使你知道是错的,但你一定要这么说:"噢,这样的! 我倒有另一种想法。""如果我弄错了,我很愿意被纠正过来。""我也许不对……"等类似这些看上去"不较真"的句子。

2.别用你的优势去对比别人的劣势

做人自信和要强是应该的,但一旦过了头,就会变成自负和自傲。

所以,如果你有自己的想法,请不要用自负的方式来阐述;如果你有过人的能力,也不要用"门缝里看人"的想法来看待别人。总而言之,就是不要用你的优势去对比别人的劣势。

李泉是某公司的新进员工,高大英俊,口才不凡,在应聘的时候得到了主考官们的一致好评。李泉刚进公司,就成了办公室的红人,原本看好他的上司也对他寄予了很大的期望。但是没过多久,问题就来了。李泉所在的部门每个星期都会进行一次例行会议,向来是由上司来主持同事们的工作部署安排,相互交流各自的工作心得和工作进度。初来乍到的李泉,在第一次参加会议的时候就表现出了他的"好口才",在业务会上跟同事和上司展开了激烈的辩论。

在讨论工作计划安排的时候，他总是认为自己的方案无可挑剔，将其他人的方案批驳得一无是处。在讲到某个具体观点的时候，还会揪住对方的小细节，滔滔不绝地要跟对方辩论到底。不但在会议上是这样，在日常工作中，李泉对他人的行事模式也总是看不惯，总认为自己的就是最好的，习惯性地发挥他的"三寸不烂之舌"，强势地要求对方按照自己的思路走，肆意贬低同事的能力，直到对方甘拜下风、哑口无言方才罢休。如果谁认为跟他纠缠没有意义，不愿意跟他说话，他就愈发认定对方不如自己。

李泉的这种"自我感觉良好"的习惯，要从他的第一份工作开始说起。李泉的第一份工作是在机关，因为办公室里的领导在他眼里"水平都很低"，因此李泉总是看不起他们，对他们的态度也很冷淡。将手头的工作做好之后，李泉对领导的意见就爱听不听了，领导自然不会喜欢这样老是给自己脸色看的下属。因此，一段时间之后，李泉就发现机关里的一切福利待遇他都没有享受到，而麻烦的事情却一件接着一件。

就这样，一年多以后，被孤立的李泉实在待不下去了，选择了离开。但直到离开，李泉仍然认为自己身上不存在任何问题，是机关的人眼界太低，嫉贤妒能，无法容忍他这种高能力的人才。

岂料，在现在的公司，李泉又遇到了同样的问题。骄傲的本性使得李泉在工作中急于摆出与众不同的姿态，看不惯别人的生活和工作方式，认为他们是在浪费时间。他想要帮助别人，但是说出口的话却成了自以为是的教训。日子久了，同事们跟之前的机关领导一样，开始疏远他，不少客户也跟李泉的上司反映："你们单位的那个李泉口才倒是挺好的，可是跟他打交道怎么就那么不舒服呢？怎么老觉得自己低他一等呢？"

冷眼和流言越来越多，最后连上司也对李泉不耐烦起来。不到3个月，李泉就被请出了公司。

在生活中,跟李泉一样总觉得谁都不如自己的人不在少数。他们往往会表现出超强的自信,而这种自信在别人的眼里就会被解读成"自负"、"自以为是"。

每个人都有自己独特的个性,但在进入社会之后,为了安身立命的需要,应该及时为自己补课,认识理想与现实之间的差异,学会包容与自己不同的生活和工作方式,用理智看待工作和人际关系,用感性来经营人与人之间的关系。

人心是最难捉摸的,人际交往中最忌讳的就是用个人标准去评判别人,给别人打上无能的标签。作为社会群体中的一员,既然已经跟周围的人身处同一个组织、同一个环境,就说明你仍然是一个普通人。不要总是认为自己有足够的优势,也不要认为自己的见解永远都是正确的。如果你总在嘴皮子上寻求一时之快,等待你的只能是如李泉一般的结果。

3.说话时学会"换位思考"

看问题总喜欢从自身的角度、立场出发,这是人的本性使然。但若想在人际交往中占据有利地位,考虑问题就不能总以自我为中心,要学会设身处地替他人着想,了解他人的想法,并在此基础上巧妙地提出自己的看法。常听人说:"在今天无法解决的事情,到了明天便能得到启示。"或者:"熟读历史可以鉴古知今。"这个道理也同样适用于说话。

有时候,当事情的后果不如我们所想象或期待的那样时,我们多半会觉得委屈,发出"好心没好报"的感叹。是别人真的不明白我们吗?其实是我们不了解他们。这种换位思考不是真的换位思考,而是

以个人本位来了解别人的想法及感受。所谓的"好心办坏事"说的就是这个。

说任何话之前,我们都要在脑海中替别人想一想,这样,说出的话才不会引起矛盾和误会。

有些人不太顾虑他人对事物的看法、想法和观念,认为只要用正确的言语传达出自己的意思就行了。其实,所谓正确与否,并非说话者单方面就能决定的。如果我们在说话之前忽视了听话者的心理和反应,无论如何慎重地斟酌词句,依然会产生料想不到的差错和误解。所以,必须在语言上下工夫,说话时不忘换位思考,力求使说的每句话对方都肯听、爱听,能打动他的心灵。

生活中,很多时候,我们犯的错误往往来自只从自己的角度思考问题。想要避免这样的错误,就得学会换位思考,并在此基础上调整行为的方式。换位思考就是完全转换到对方的角度思考,使自己更容易理解人、宽容人,就是要求你在观察处理问题、做思想工作的过程中,把自己摆放在对方的角度,对事物进行再认识、再把握,以便得到更准确的判断,说出的话也才能真正说到别人的心窝里。

《圣经》里有这样一个故事:一次,有些人要砸死一个行为不端的妇人。耶稣说:"可以,可是你们每个人都要扪心自问,谁没有犯过错误。若有人能肯定地说自己没有犯过错,那他就可以动手了。"那些人都自觉问心有愧,最后谁也没有砸她。

为何那些人在想完耶稣的问题后就不敢动手了呢?因为没有一个人有动手的资格——只要一想到自己原来也犯过错,他们便会对这个行为不端的妇人产生同情。

即使是最没本事的人,在责备别人时也能够大发议论;即使是最聪明的人,在对待自己缺陷时也往往糊涂。我们只要经常用指责别人

的态度来要求自己,用宽恕自己的心思去对待别人,怎么可能没有大进步呢?

仔细想来,生活中诸多不快、诸多矛盾的引发,未必都有多么复杂、多么严重的理由,如果能够互相了解、互相体谅,那些矛盾、不快或许根本不会发生。而换位思考就是达到互相理解的一种有效途径。

对自己少点较真,人生才能海阔天空

想要一个人真正做到不较真并不是简单的事,尤其是对自己"不较真"。因为这需要有良好的修养、灵活的思维,还需要一定的技巧。

1.在行为上保持低调

低调做人是一种境界,一种修炼,一种体悟。不只要在心态上调整好自己,更重要的是行为上的调整。

曲高者,和必寡;木秀于林,风必摧之;人浮于众,众必毁之。只有在行为上保持低调,才能真正走好自己的人生之路。

在社会上,那些才华横溢、锋芒太露的人,虽然易出风头、惹人注目,可是也容易遭人暗算。因此,我们在努力表现好的一面的同时,也要想到不利的一面,这样才有利于保全自己。

曹操出兵汉中攻打刘备,怎料被马超堵截在峡谷口,欲进不能。想

要收兵回朝，又担心会被蜀军嘲笑，被自家官兵议论，于是一筹莫展，回营后便大呼"鸡肋"。一位将军在请示当晚口令时得到的答复也是"鸡肋"。行军主簿杨修听后，回到营帐便开始打包行李。那位将军很是惊讶，询问杨修是何故？杨修说："鸡肋，吃来没肉，丢了可惜。现在，进兵胜算很小，班师回朝又会被耻笑，待在这里一点好处都没有。不如收拾好行李等着，等到魏王明日下令回朝，便可从容上路，不用慌慌张张了。"

那位将军感叹杨修懂曹操的心，于是也回去收拾行李。如此，得到消息的军中将士无一不整顿行囊，等待回家。这事很快就被曹操知道了，传来杨修问话，杨修把对那位将军说过的话又对曹操说了一遍。曹操见对方对自己的心思了若指掌，心中疑忌，便以造谣生事、扰乱军心的罪名将他杀死了。

上天恩赐，给了我们智慧，但是智慧不是用来炫耀的，也不是拿来抬举自己的。如果你的智慧换来的是别人的嫉妒、厌恶，甚至敌视，那就不是聪明，而是愚蠢。

有一句名言：取象于钱，外圆内方。也就是说，为人处事，就要像钱一样，"边缘"要圆，要能随机而变，但"内心"要守得住，有自己的目的和原则。

例如，对周围的环境、人物，即使有"看不惯"的，也不必棱角太露，过于显出自己的与众不同来。"处世不必与俗同，亦不宜与俗异；做事不必令人喜，亦不可令人憎"，这样既可以保全气节，也可以保护自己。

《三国演义》中有一段"曹操煮酒论英雄"的故事。当时刘备落难投靠曹操，曹操接待了刘备。刘备住在许都，在衣带诏上签名后，为防曹操谋害，就在后园种起了菜，亲自浇灌，以此迷惑曹操，放松他对自己的关注。

一日,曹操约刘备饮酒,谈起了谁为世之英雄。刘备点遍了袁术、袁绍、刘表、孙策、刘璋、张绣、张鲁、韩遂等人,均被曹操一一贬低。曹操指出了英雄的标准:"胸怀大志,腹有良谋,有包藏宇宙之机、吞吐天地之志。"刘备问:"谁人当之?"曹操说,只有刘备与他才是。刘备本以韬晦之计栖身许都,被曹操点破是英雄后,竟吓得把匙箸也丢落了地下,恰好当时大雨将至,雷声大作。刘备从容俯拾匙箸,并说"一震之威,乃至于此",巧妙地将自己的慌乱掩饰了过去,从而也避免了一场劫数。

刘备在煮酒论英雄中的对答无疑是非常聪明的。刘备藏而不露,人前不夸张、显炫,不把自己算进"英雄"之列,至少在表面上"收敛"了自己的行为。

托马斯·杰斐逊是美国第三任总统。1785年,他曾担任美国驻法大使。一天,他去法国外长的公寓拜访。"您代替了富兰克林先生?"法国外长问。

"是接替他,没有人能够代替得了富兰克林先生。"杰斐逊谦逊地回答道。杰斐逊的谦逊给法国外长留下了深刻印象。

无独有偶,在第二次世界大战之后,因为丘吉尔有卓越功勋,在他退位时,英国国会打算通过提案,塑造一尊他的铜像放在公园里供游人景仰。一般人享此殊荣,高兴还来不及,丘吉尔却谦逊地拒绝了。

一位哲学家说过这样一句话:"自夸是明智者所避免的,却是愚蠢者所追求的。"

真正的明智者之所以不会自吹自擂,是因为他觉得宇宙广大、学海无涯、技艺无穷,终其一生,也不能洞悉其中的全部奥秘。而一切平庸之辈,只满足于一知半解,满足于点滴成绩,他们喜欢用富丽堂皇的话来装饰自己,以讨得廉价的喝彩。

人们尊敬的是那些谦逊的人,而决不会是那些爱慕虚荣和自夸的人。

在人生的旅途中,我们要学会谦虚,才能立于不败之地。这也是一种以不变应万变的智谋。

2.与其言而无信,不如别轻率承诺

"君子一言,驷马难追",讲的是做人的信用。一个不讲信用的人,是为人所不齿的。现在的生意场上,公司、企业做广告宣传,树立自己在公众心目中的形象,就是想提高自身的信用度。信用度高了,人们才会相信你,和你有来往,成交生意,你办事才会容易成功。

人无信不立。信用是个人的品牌,是办事的无形资本。有形资本失去了还可以重新获得,而无形资本一旦失去,就很难重新获得了。办事再困难也不能透支无形资本。

诸葛亮有一次与司马懿交锋,双方僵持数天,司马懿就是死守阵地,不肯向蜀军发动进攻。诸葛亮为安全起见,派大将姜维、马岱把守险要关口,以防魏军突袭。

这天,长史杨仪到帐中禀报诸葛亮说:"丞相上次规定士兵100天一换班,今已到期,不知是否……"诸葛亮说:"当然,依规定行事,交班。"众士兵听到消息立即收拾行李,准备离开军营。忽然探子报魏军已杀到城下,蜀兵一时慌乱了起来。

杨仪说:"魏军来势凶猛,丞相是否把要换班的4万军兵留下,以退敌急用。"诸葛亮摆手说:"不可。我们行军打仗,以信为本,让那些换班的士兵离开营房吧。"众士兵闻言感动不已,纷纷大喊:"丞相如此爱护

我们,我们无以为报,决不离开丞相一步。"蜀兵人人振奋,群情激昂,奋勇杀敌,魏军一路溃散,败下阵来。

诸葛亮向来恪守原则,换班的日期来到,即毫不犹豫地交班,就是司马懿来攻城也不违反原则。正是因为以信为本,诚信待人,诸葛亮才能获得战争的胜利。

顾炎武曾以诗言志:"生来一诺比黄金,那肯风尘负此心。"表达自己坚守信用的态度。言必信,行必果,不但是对人的尊重,更是对己的尊重。

当朋友托我们给他办事时,我们能提供帮助是在情理之中。但是,要量力而行,不要做"言过其实"的许诺。因为,诺言能否兑现除了个人努力的问题,还有客观条件的因素。平时可以办到的事,由于客观环境变化了,一时又办不到,这是常有的事。因此,我们在朋友面前不能轻率地许诺,更不能明知办不到还打肿脸充胖子,在朋友面前逞能,许下"寡信"的"轻诺"。若你无法兑现诺言,不仅得不到朋友的信任,还会失去更多的朋友。

有一个年轻人在银行工作。他过去的老师想开一家公司,但缺少资金,便去问他能不能帮忙解决贷款的问题。他想:"这是老师第一次找自己帮忙,怎么能拒绝呢?"当即便一口答应了下来。可是,他毕竟刚参加工作不久,还没有说话的资历,老师的贷款请求又不完全合乎规章,所以,当老师租好门面,请好员工,等着资金开业时,他这里却拿不出钱来,搞得很被动。老师大怒,责备他说:"你这不是在捉弄我吗?你就算不想帮我,也不该害我!"他能说什么呢?只好苦笑。

有些人是不好意思拒绝别人而向他人承诺,而有些人则喜欢胡乱吹嘘自己的能力,随随便便向别人夸下海口,承诺自己根本办不到的

事情。结果不但事情没有办成,自己的人缘也弄糟了。

某厂职工小方,经常向同事炫耀自己在市房管所有熟人,能办房产证,而且花钱少、办事快。开始时,人们都信以为真,有些急于办理房产证的同事便交钱相托。但时过多日,不见回音,问到小方,他说:"近来人家事儿太多,再等等。"拖得时间长了,同事们对他的办事能力也产生了怀疑,想把钱要回来,他却找理由说:"谋事在人,成事在天,懂不懂? 你的事儿虽然没办成,可我该跑的跑了,该请的请了,你不能让我为你掏腰包吧? "言下之意,钱没了。

从此以后,小方的话再也没人信了,以至于人们在闲暇聊天时,只要小方往人群里一站,大伙好像有一种默契似的,始而缄默不语,继而纷纷散去。

要获得守信的形象并不容易,最要紧的一条是:别答应你无法兑现的事。这不仅是一个主观上愿不愿意守信的问题,也是一个有无能力兑现的问题。一个人经常答应自己无力完成的事,当然会使别人一次又一次地失望。

一个商人临死前告诫自己的儿子:"你要想在生意上成功,一定要记住两点:守信和聪明。"

"那么,什么叫守信呢? "儿子焦急地问。

"如果你与别人签订了一份合同,而签字之后你才发现你将因为这份合同而倾家荡产,那么你也得照约履行。"

"什么叫聪明呢? "

"不要签订这份合同。"

将守信理解为一种品德,较难坚持;而将它理解为一种回报率很

高的长期投资,则比较容易变成一种自觉的行动。一旦你获得了一个守信用的形象,你就会获得越来越多人的信任,进而带来越来越多的机会;反之,缺此一条,别的方面再优秀,也难成大器。

3.忍让,是"弯曲"的艺术

我们生活在这个世界上,做什么事都不可能一帆风顺,每个人都会遇到不同的困难和挫折。不论你是何年龄、是何职位,都会遇到不如意、不顺心的事,有的可以反击,有的却不可以。所以,我们要学会"弯曲"、忍受。

"弯曲"并不是让你屈服,只是暂时忍让一下,然后找准机会,再反弹回来。学会了"弯曲",也就掌握了生存基本法。

山路十八弯,水路十八盘,人生之路也必定充满了荆棘坎坷,这就决定了我们在人生旅途上不仅要有挑战困难的决心, 更应具有一颗"弯曲"的心。

有一对夫妇,他们的婚姻正濒于破裂的边缘,为了找回昔日的爱情,他们打算做一次浪漫之旅。如果能找回当初的感觉就继续生活,如果不能就友好分手。

不久,他们来到了一条山谷。这是一条东西走向的山谷,山谷很平常,没什么特别之处,唯一能引人注意的是,它的南坡长满了松、柏等树,而北坡只有雪松。

这时,天上下起了大雪,他们支起了帐篷。望着纷纷扬扬的大雪,他们发现,由于特殊的风向,北坡的雪总比南坡的雪来得大、来得密,不一会儿,雪松上就落了厚厚一层雪。不过,当雪积到一定的程度时,雪松那富有弹性的枝丫就会向下弯曲,直到雪从枝上滑落。这样反复

地积,反复地弯,反复地落,雪松完好无损,可其他的树,因没有这个本领,树枝都被压断了。南坡由于雪小,总有些树能挺过来,所以南坡除了雪松,还有其他树木。

看着眼前的景观,妻子对丈夫说:"北坡肯定也长过杂树,只是不会弯曲才被大雪压毁了。"丈夫点头表示同意。过了片刻,两人像是突然明白了什么似的,相互拥抱在一起。

丈夫兴奋地说:"对于外界的压力,我们要尽可能地去承受,在承受不了的时候,要学会弯曲一下,像雪松一样让一步,这样就不会被压垮了。"

大自然的树如此,生活中的人亦如此。

"弯曲"中蕴涵着丰富的哲理,它并不是倒下和毁灭,而是顺应和忍耐。生活中,忍就是"弯曲"的艺术。

一味地硬挺,你自己累,身边的人也累;而适当地"弯曲"一下,也许一时难以解决的问题就会在你躬起的脊背上悄然滑落。忍一时风平浪静,在现实生活中,有多少口角、争斗与矛盾是因为失于忍而造成的呢?诸如我踩你一脚,你回我一眼,接着就是出言不逊、怒目相对,甚至大打出手。其实,只要稍稍忍耐一下,所有不快都会烟消云散。忍是一种妥协,是一种策略,但并不是屈服和投降,它其实是一种非常务实、通达的智慧。

正如一首诗说的那样:"忍字心上一把刀,遇事不忍祸必招;如能忍住心中气,过后方知忍字高。"

生活中,不能爆竹脾气一点就着,不能针尖儿对麦芒,你倔我更犟。如果这时候我们能有意识地让自己冷静下来,忍让一点,"弯曲"一下,我们的人生也会由此进入一个新的境界。

隋朝时,有个大臣叫牛弘,他好学博闻,待人十分宽宏大量。隋炀

帝很器重他,曾允许他与皇后同席吃饭,这在当时是很高的礼遇。但牛弘依然车服卑俭,对人宽厚谦让。他不但仕途关系处理得好,而且家庭关系也十分和睦。他家庭中发生的一件小事,就可以说明他的为人。

他有个弟弟叫牛弼,经常酗酒闹事。一次,牛弼喝多了酒,酒后将牛弘拉车的牛射死了。牛弘从外面回到家后,他的妻子迎上前,对他说道:"叔叔喝醉了酒耍酒疯,将牛射死了。"

牛弘听了,什么也没问,只是说将牛肉做成肉脯。他妻子做完之后又提杀牛之事,牛弘却说:"剩下的做汤。"过了一会儿,他妻子又唠叨杀牛的事,这时,牛弘才说道:"我已经知道了。"一点生气的样子也没有,脸色像平时一样温和,甚至连头也没抬,继续看他的书。

妻子见丈夫这样大度,感到很惭愧,此后也不再提牛弼杀牛的事了。弟弟也因此收敛了许多。

《菜根谭》中有这样一句话。"语云:'登山耐侧路,踏雪耐危桥。'一耐字极有意味。如倾险之人情,坎坷之世道,若不得一耐字撑持过去。几何不堕入榛莽坑堑哉?"不仅是登山踏雪需要这个"耐"字,当我们接触危险的事情时,若不坚持这个"耐"字,也很容易遭遇丧身之险。

很多人觉得,人生若一味地忍耐便显得毫无生趣可言,因此有人会说:人究竟为什么要忍气吞声呢?

中国有一句古语:"十年河东,十年河西。"也就是说,目前你虽然处于不幸的环境中,但是终究会有峰回路转的一天,以此来不断地提醒自己忍受现在的痛苦,等候时来运转。

长久潜伏林中的鸟,一旦展翅高飞,必然一飞冲天;而迫不及待绽开的花朵,则必然早早凋谢。了解了这个道理,你就会知道凡事焦躁是无用的。身处横逆之中,储备精力,重展身手的机会一定会来临,所以能够持久才是最重要的。只有抱着这种信念,你才能跑完人生这段漫长的旅程。

有一次,唐高宗在巡幸途中,遇到了一个好几百人同堂的大家族。大家生活在同一屋檐下,却没有任何风波,关系十分和睦,这在当时实在少有。因此,唐高宗特地去拜访这个家族,向他们请教家族和睦的秘诀。于是,族长取出纸和笔,连写了一百多个"忍"字给高宗看,意思是讲,大家族和乐的秘诀除了"忍",别无他法。唐高宗看后深有同感,后来还赐给了该家族莫大的褒赏。

俗话说:"百忍成金。"不仅如此,"忍"还是收买人心的好办法。

孟尝君曾经担任齐国宰相,在各国声望很高,他家中也养了许多食客。

其中有一位食客与孟尝君的妾私通。有人将情况报告给了孟尝君:"身为人家的食客,暗中却和主人的妾私通,实在是太不应该了,理当将他处死。"

孟尝君听后淡然地说:"喜爱美女是人之常情,不必再提了。"

过了一年,孟尝君召来那位食客,对他说:"你在我门下已经有一段时间了,到现在还没有适当的职位给你,心里很不安。现在卫国国君和我私交很好,不如我推荐你到卫国去做官吧。"临行前,还给他准备了车马银两。这位食客来到卫国后,受到了卫王的赏识和重用。

后来齐国和卫国关系紧张,卫国国君想联合各国攻打齐国。此人便对卫君说:"臣之所以能到卫国来,全赖孟尝君不计臣的无能,将臣推荐给大王。臣听说齐、卫两国的先王曾经相互约定,将来子孙绝不彼此攻伐,而陛下您却想联合其他国家来攻打齐国,这不仅违背了先王的盟约,同时也有负孟尝君的情谊。请陛下打消攻打齐国的念头,不然,臣愿死在大王面前。"

卫君听后,十分佩服他的仁义,于是打消了攻齐国的念头。

齐国的人听后赞颂道："孟尝君可谓善为事矣,转祸为安。"

当然,这里忍的前提是要有开阔的胸襟、宽宏的度量,以此来为人处事,则必然"两和皆友"。

风一吹便低俯的草,其实是饱经风霜,经过无数次考验的。人生何尝不是如此。

古人云:"小不忍则乱大谋。"坚韧的忍耐精神是一个人意志坚定的表现。学会忍耐、婉转和退却,可以获得无穷的益处,"低头做人"被真正的成功人士奉为圣经。

忍是一种等待。这种忍,不是性格软弱、忍气吞声、含泪度日之举,而是高明人的一种谋略,是为人处世的上上之策。

成功就是成为最好的自己
——别和"成功"较真

很多时候,我们似乎对"成功"过于苛责,总是拿着世俗的标准来衡量它——金钱、名望、地位……以至于将自己弄得压力重重,但实际上,所谓的成功,只是成为最好的自己,找到最合适的位置,即使那个位置不是那么高雅,但只要它适合你,就极有可能是改变你命运的一个契机。

对待"成功"二字,要学会宽怀,只要能明确地做到认识自我,挖掘最好的自我,你就是一个成功者。

1.站对位置,别挡住自己的路

1998年5月,华盛顿大学有幸请来世界巨富沃沦·巴菲特和比尔·盖茨演讲。当学生问到"你们是怎么变得比上帝还富有的"这一有趣的问题时,巴菲特说:"这个问题非常简单,原因不在智商。为什么聪明人会做一些阻碍自己发挥全部功效的事情呢?原因在于习惯、性格和脾气。就像我说的,这里的每个人都完全有能力获得和我一样的成功,甚至超过我。但是有些人做得到,有些人却做不到。做不到的那些人,是因为他们自己阻碍了自己,而不是这个世界不让他们做到;他们自己压抑了自己的性格,扼杀了自己的天赋。一句话,自己挡住了自己的路!"

仔细思考一下,你还在"自己挡住自己的路"吗?如果是,那么你永远也不可能成功。

卡耐基是美国著名的心理学家和人际关系学家、成人教育之父,代表作有《人性的弱点》、《人性的优点》、《演讲与口才》等。1937年出版的《人性的弱点》一夜轰动,在世界各地至少已译成58种文字,全球总销量已达9000余万册,拥有4亿读者,除《圣经》之外,无出其右者,稳居成功励志类图书榜首。

其实,卡耐基最初的人生道路充满了坎坷,他做过多种职业都不成功。在从事汽车推销时,他对自己的能力很怀疑。有一天,一位老者想买车,卡耐基又背诵起了那套"车经"。老者淡淡地说:"无所谓的,我还走得动,开车只不过是尝一尝新鲜劲儿,因为我年轻时曾梦想成为汽车设计师,那时还没有汽车呢……"

老者的一番话吸引住了卡耐基,他详细地和老者讨论起公司的情

况，后来话题又转到了他们的生活方面。卡耐基讲述了自己最近的烦恼："那天凌晨，对着一盏孤灯，我对自己说：'我在做什么？我的梦想是什么？如果我想成为作家，那为什么不从事写作呢？'您认为我的看法对吗？"

"好孩子，非常棒！"老者的脸上露出了轻松的笑容，继而说："你为什么要为一个你不关心又不能付你高薪的公司卖命呢？你不是想赚大钱吗？写作，在今天也是个好行当呀！"

"不，老先生，放弃工作是不可能的，除非我有别的事可做。但是我能做什么呢？我有什么能力能让自己满意地赚钱和生活呢？"卡耐基问。

老者说："你的职业应该是能使你感兴趣并发挥才能的。既然写作很适合你，为什么不试一试呢？"

老者的话让卡耐基茅塞顿开，埋藏在胸中奔涌已久的写作激情瞬间被激活了。

此后，卡耐基决定换一种生活。他要当一位受人尊敬、爱戴的伟大作家……

一个偶然的机会，卡耐基发现自己所在城市的青年会在招聘一名讲授商务技巧的夜大老师。于是，他前去应聘，并且很快就被录用了。

卡耐基以他独到的见解、开放的教学方式，赢得了学生的欢迎。后来，越来越多的人听他讲课，购买他的书籍，卡耐基从此名扬美国。后来，他的学习方法又跨越国界，漂洋过海，传播到了全世界。

美国著名思想家爱默生认为，每个人都有自己的天职和位置：

每个人都有自己的天职。天职就是召唤。有一个方向，在这个方向上，一切空间都向他开放。他的天职悄悄地邀约他竭尽全力、永无止境地到它那里去。他就像河上的一条小船，到处碰壁，而只在一个方向上畅通无阻。在这个方向上，一切障碍都被消除了，他安静地漂向越来越

深的河道,进入广阔无垠的大海。这种才能、这种召唤取决于他的肌体组织,或普遍的灵魂在他身上体现出来的方式。他倾向于做那种对他来说容易去做,并且做过有好处,而别人都不能做的事。他没有对手,因为他越真实地考虑自己的能力,他的工作就越表现出与其他任何人工作的差异。他的雄心与他的能力完全成正比。山顶的高度取决于山基的宽度。每个人都接受了力量的召唤去做某种与众不同之事,没有人会听到其他任何召唤。

是星就有星的位置,是光就有光的辐射。

每一个渴望成功的人,都应当认真领会这句话的真谛,都必须学会正确的人生定位艺术。只有及早而正确地发现自己的最佳位置,才能把所思所想所作所为对准所定的正确的大目标进行积累,从而早有突破,早有大成。这就是最佳位置的奥妙所在。

2.将劣势转化为优势,为自己拓宽道路

最佳位置在哪里?就在最大优势和最大劣势中。有的人因为最大优势而大功告成,而有的人则因为最大劣势而名垂青史。事物是辩证的,优势与劣势之间可以相互转化。在认识自我、寻找自己最佳位置的过程中,我们需要运用辩证思维,既要善于发现和利用优势,也要善于发现和利用劣势,大大拓宽我们的发展道路。

尺有所短,寸有所长。每个人都有自己先天的劣势,也有区别于他人的潜力和特质。爱因斯坦语言能力发展迟缓,性格孤僻,但是想象力异常丰富;陈景润当不好一个中学教师,生活自理能力极差,但是他破解了哥德巴赫猜想这一世界难题;阿德勒小时候就驼背,学习不好,十分自卑,但是自卑却成为了他研究心理学的巨大动力和原始材料,他的成名作就是《超越自卑》,并由此成为了个体心理学的开创者。

发挥你的最大优势,并不等于排斥你的劣势。你的劣势也是一份宝贵财富,关键在于如何将劣势转化为优势,将最大劣势变为最大价值。

鲨鱼是海洋世界当之无愧的霸主。然而,在很久以前,鲨鱼却是海洋里唯一没有鱼鳔的鱼。缺少了鱼鳔,鲨鱼不能任意地在水中上浮和下沉,因此,它只有不停地游动才能使自己不沉到水底。也正是由于不停地游动,鲨鱼获得了强健的体魄,成为了鱼类中的佼佼者。

没有鱼鳔的鲨鱼是不幸的,这种先天的劣势,有可能使其无法在海洋中生存下来。然而,鲨鱼又是幸运的,它在艰苦的环境下不断地改变自己,不仅超越了劣势,而且成为了海洋的霸主。

人也是如此。世上没有十全十美的人,缺点总是客观存在的,关键在于如何将缺点转化为优点,将劣势转化为优势。著名作家沈从文曾因为政治原因放弃了文学创作,但是他并没有因为身处逆境而放弃治学。他选择了与现实政治没有直接关系的古文化研究作为治学方向。他的《中国古代服饰研究》在我国香港地区一经出版,就立即引起了海内外的轰动。中国古代服饰研究是个一向被忽略了的课题,沈从文的著作填补了这一空白。这部著作影响之大,以至于许多过去不了解沈从文的人都误以为他本来就是服饰研究专家。

有一位外科医生在多年的临床实践中,发现了一连串奇怪的现象:患心瓣堵塞症的患者,心脏会奇迹般地增大,好像是在努力应付心脏所带来的缺陷;肾脏病患者若摘去了左肾,他右肾的生命力往往会十分强盛。另外,在眼睛、肺等手术中,都是如此。

于是,医生对此进行了深入研究,并从病理学扩展到心理学方面。他对一所美术学院的学生进行了调查,发现70%的人视力不好;他又调查了100位拥有财富1000万以上的人士,结果表明70%以上的人出身寒微。

这种现象曾让医生困惑不解,但他在研究贝多芬生平的过程中,

终于发现了其中的奥妙。贝多芬的听觉从小就存在问题,20岁开始影响正常生活,28岁已聋得十分厉害。但他从小就喜欢音乐,创造力最为辉煌的时期也是他的听觉慢慢丧失的时候。听觉全部丧失的时候,贝多芬接连写出了《英雄交响曲》、《月光奏鸣曲》、《第五交响曲》……

这位医生研究认为,一个人一旦身上有缺陷,必然会产生一种弥补的机能与心理。如果一个人在幼时就发现了自己的弱点,只要没有被弱点彻底击垮,那么,这些弱点很可能会改变一个人的一生,达到别人无法达到的高度。这是因为,越是有缺陷,就越需要调动心中潜存的"雄兵",使其活跃起来,凝聚成惊天动地的伟力,激发出常人所难以企及的智慧。世界上没有绝对的好坏优劣,关键在于转化。智者的最大特长是变废为宝,点石成金,化腐朽为神奇。

2007年11月6日,美国马萨诸塞州费奇堡市市长选举结果揭晓,28岁的亚裔女子黄素芬以72%的高得票率成为该市建立243年来的首位亚裔市长。

2007年8月,美国费奇堡市新一任市长选举开始。一天,父亲鼓动黄素芬去报名参加市长选举。黄素芬以为父亲是在开玩笑,她还道明了她的诸多劣势。

第一,自己是亚裔,亚裔仅占全市人口的一半左右,华裔就更少了。200多年了,费奇堡市还没有一位亚裔市长;

第二,她才28岁,刚工作不到5年,市民肯定会怀疑她的能力;

第三,她认识的人不多,人脉也不广,而参选的有曾任四届市议员的唐纳利,在本市已经积累了很深厚的人脉。

对此,她的父亲进行了鞭辟入里的分析:劣势转化一下正是优势。

第一,200多年来,费奇堡市还没有一位亚裔市长,市民都愿意看到新面孔;

第二,28岁是年轻,古老的费奇堡市正缺少年轻的活力;

第三,黄素芬现在是费奇堡市政府的公务员,一直在做帮助市民创造就业机会的工作,这可是市民们最关心的问题。

父亲的分析让黄素芬豁然开朗。次日上午,她报名参加了市长竞选。后来在竞选演说时,黄素芬巧妙地把自己的劣势转化成了优势,她说:"一、我是亚裔。200多年了,费奇堡市还没有一位亚裔市长,广大市民应该给亚裔一个机会。二、我28岁,是很年轻,可年轻意味着希望,我们古老的费奇堡市正需要年轻的血液、青春的活力。年轻的我将会以澎湃的热情和充沛的精力投入到工作中。三、我从进入费奇堡市政府以来,一直在做促进就业方面的工作。我认为,解决就业问题是整个费奇堡市政府最急切的工作,我会竭尽所能帮助每一个需要帮助的人。"

最终,黄素芬出人意料地以高票当选了市长,并于2008年1月6日下午正式宣誓就职。

选举伊始,黄素芬不仅没什么优势,还处于十分弱势的位置,但最终却能以高票当选,主要就在于她把劣势转化为了优势。

3.学会优势聚焦,出奇制胜

在今天这个一切信息、新闻能够迅速传遍全球的时代,各种消息、作品令人目不暇接,达到了视觉和听觉的饱和。要想在人们心中占有一席之地,唯一的办法是做到优势聚焦,主攻一点,出奇制胜。

雪村的歌声怪怪的,人长得怪怪的,言行举止怪怪的,但他的歌却风靡天下。

刀郎的名字怪怪的,唱歌的嗓音是沙哑的,但人们爱听的就是他那带有"沙哑"味道的歌声,因为它新鲜、独特。

可以说,今天的产品、作品,如果不新奇、不独特,就只能是死路一条。因此,优势聚焦,突出特点——把缺点变成特点,把特点变成卖点,

制造新奇,出奇制胜,就是一个法宝。

即使是天才,也要经历十年的积累和磨炼,正所谓十年磨一剑。爱迪生是做实验的高手,是发明创造的天才,但是他成功前经历了数千次的失败。这种考验,即使是对意志力非凡的人来说,也是不可思议的。爱迪生的天才和禀赋正是在常人看来不可思议的失败中不断积累,从量变到质变,终至大功告成。

苏秦一个人身挂六国相印,他能够用舌头转动天下格局。这种非凡的说服力固然与他优异的语言才能密切相关,但是没有他的刻苦学习和积累,就没有卓越才能的形成。

苏秦是如何积累优势,并将自己的优势发展到极致的呢?

苏秦到秦国游说失败,落魄返乡,备受家人、邻里奚落后,他发愤读书,史书记载是"以锥刺股"。通过对苏秦的老师鬼谷子的著作《鬼谷子》的研究,发现苏秦学习的奥妙,就是"揣摩"。

什么是揣摩呢?就是你要说服对方,先要揣摩出对方的心理,探知对方的所思所想,而后才能做到有的放矢。显然,要做到这一点是很难的。初出茅庐的苏秦为什么失败呢?就是因为他书生气太足,所讲的那些人家秦王不感兴趣。

苏秦的高明在于,他发现了自己的不足,就有针对性地弥补,闭门谢客,发奋苦读,揣摩书中的道理、方略,揣摩天下诸侯的心理,揣摩天下大势以及各个国家最为迫切的需要。终于,他豁然开朗,发现了六国最大的需求就是要千方百计地抵御如狼似虎的秦国。于是,他倡导合纵之道,就是六个国家联合起来,共同抵御秦国的侵略,结果一举成功,他身挂六个国家的相印,建立了"联合国"的雏形。

更令人称奇的是,苏秦为了使他的合纵能够持续下去,还暗地以曲线的方式制造了一个自己的对手,就是在历史上同样赫赫有名的张仪。他暗地帮助同学张仪到秦国做了宰相,而秦国是六国的死敌啊,这

不是自己为对手增加力量吗?是的。但是这里面的玄机在于,只有张仪做了秦国的宰相,苏秦在操纵"合纵"策略中一旦遇到了秦国的破坏,他还可以通过张仪来进行一定程度上的"缓冲",他也果真达到了这个目的。可见,苏秦算是"揣摩"到家了,连张仪也自叹弗如。他们两个使天下和平了二十几年,这在战乱频仍的战国时代是个奇迹。

苏秦非凡说服力的练成经历了三个重要的阶段,一是他与张仪师从鬼谷子学习游说之道;二是他开始游说诸侯,谋求高位,但是他的说服功夫还不够,四处碰壁,他不得不在家中闭门苦读,钻研谋略学经典《阴符经》,并反思自己,静思天下大势,在短短一年的时间里,他终于豁然开朗,找到了打开富贵之门的钥匙;三是他重新出山,凭"三寸不烂之舌","说燕文侯"、"说赵肃侯"、"说韩宣王"、"说魏襄王"、"说齐宣王"、"说楚威王"。他每到一国,"说"的内容都大致相同:先说说该国的山川地理,再说说七国争雄,秦强而六国弱的现实,最后建议大家联合起来,共同抗秦,是为"合纵"。经他一"说",六国认真掂量一下自己的实力,觉得还只能像他所"说"那样,才能生存,"于是六国从合而并力焉。苏秦为从约长,并相六国","秦兵不敢窥函谷关十五年"。这时他的说服功夫已经达到了炉火纯青的地步。

曾国藩在他的兄弟姊妹中是最"笨"的一个,小时候读书,人家早就背诵下来的诗文,他却怎么也背不下。但是,曾国藩却并不气馁,而是坚持背好。这竟使他发现一个影响他一生的成就大业的秘诀,就是一个"笨"字。

"笨"字从"本"。肯下笨功夫,敢于铁棒磨成针,乐于水滴石穿,绳锯木断。这种品格了不得,正是成就一切伟业最为重要的素质。

曾国藩从政后,尽管起初仕途一帆风顺,但是创办团练,组建湘军后,却总是遇到阻力。四十多岁的曾国藩通过坚持不懈地写日记,自我反省,来磨炼自己,砥砺自己的心性,终于"浴火重生",大功告成。在心

灵和精神上建立了成功的"模型"。这是他最终能够战胜强大的太平军,成为封建社会最后一位备受推崇的名臣的一个重要原因。

揭开这个"笨"字的谜底,其心理机制就是想象,其方法说到家就是反反复复地在头脑里"放电影",尤其是"倒放电影"。

成为湘军统帅的曾国藩,经历了从一介书生到军事统帅的蜕变,起初他屡战屡败。而正是在血与火的战场上,正是在自己调动心中的百万雄兵的心性锤炼中,他找到了反败为胜的法宝,也就是著名的"屡败屡战"。他正视自己的失败,在失败的基础上继续战斗,直至成功。曾国藩最为高明的莫过于他非常清醒地认识到了自己的优劣短长:长于战略统御而拙于战役战斗的指挥。他直接指挥战斗,常常失败,而他统筹兼顾,谋划全局的本领却是高人一筹的。于是,他把指挥战役战斗的权力下放给下属,而自己主攻战略部署,最终以正确的战略部署打败了太平军。

有了正确的优势聚焦和优势积累,优势能量的爆发就是水到渠成的事情了。姜太公八十多岁才遇到了赏识自己的周文王,他辅佐周文王和周武王灭掉商朝,建立了周朝。百里奚七十多岁才遇到了赏识自己的秦穆公,辅佐秦穆公成为春秋霸主。他们在晚年,在大多数人抱着行将就木的心态虚度人生的年龄段,爆发出了惊天动地的能量,这种智慧、才能、本领的"火山喷发",是他们的超常智能,在坎坷的人生道路上,千锤百炼的结果。

第二章

世界总是美丽的，
内心一定要宽怀

生活是一种态度，更多的是看你以何种心态面对。

月有阴晴圆缺，人有旦夕祸福。乐观的人能看到乌云背后透出的一点阳光，悲观的人却只能看到阳光前遮挡的乌云。

世界并非处处险恶，行走间，一定要学会得宽怀时且宽怀。在我们的心中种一个太阳，让阳光温暖我们的心，让乐观指引我们前行。

心里装着阳光，与快乐同行

人生就像一扇门，有的人悲观于门内的黑暗，有的人却乐观于门内的宁静；有的人忧愁于门外的风雨，有的人却快乐于门外的自由。其实，生活的就是一种心态、一种心情，保持一个好的心态，人生就是快乐的天堂。

1.快乐是一种心境，一种精神状态

快乐是生命追求的永恒主题，每个人都渴望能够拥有更多的快乐。然而，有些人却活得很累，快乐不起来，他们常常怨天尤人，怪上天不偏爱自己，怪命运多舛，抱怨事业不顺、家庭不和……其实，真正决定你快乐与否的只有你自己——自己的胸怀，自己的豁达。

生活中的无奈和烦恼总会悄无声息地跟随着我们，虽然我们不能改变生活本身，但我们可以改变心情。调整好我们的心情，重新审视身边的人、周遭的风景，你会得到意想不到的收获和惊喜。

很多时候，我们不快乐，是因为我们总是对自己所拥有的东西不满意。快乐其实无处不在，只要我们用心去寻找，大胆地用不同的形式使自己快乐，不让心累，活出风姿，活出精彩。

"向快乐出发，世界那么大。任风吹雨打，梦总会到达。"一首普通的歌曲唱出了我们的心声。生命的道路曲曲折折，一路上有鲜花，也有荆棘，但无论是什么样的艰难险阻，都不应该成为我们退缩逃避的理

由。因为挫折是成功的先导,快乐的背后蕴涵的是坚强,是无可比拟的力量。

多些阳光、健康、快乐、温暖,你的心也会变得温暖。是非还在,恩怨还在,换个心态,你看到的又是另一番风景。

境由心生,境随心转。看不开,想不透,做不到,是我们的通病。我们容易将别人的事看得如水中倒影般清澈,而一旦涉及自己,就会有老眼昏花之态。

其实,笑是过一天,哭也是过一天!明天的痛苦还没有真正发生,我们为什么要为此忧心而皱起眉头呢?

在荷兰首都阿姆斯特丹,一座15世纪的教堂废墟上有则留言:"事情是这样的,就不会是那样。"要知道,任何事情一旦发生了,即使不如你的意,你也只能承受那样的结果。

但当你陷在痛苦和不满的泥沼中时,若只一味地沉浸于眼前的种种不快,那么即使有可行的机会造访,也会被你忽略。因此,面对困难时,理智的做法应该是:千万不要预支明天的不幸!等到不幸确实来临时,更要临危不乱,专注精神尽量补救,才能降低它所带来的损害。

做人需要向前看,即使前面充满了各种未知的危险;做人也需要向后看,感谢命运为你提供的一切帮助和关怀。

想要告别不幸,任何人的帮助和安慰都是无效的。因为你的所有情绪都是由自己控制的,只有自己想通了,并珍惜身边所拥有的,才能坦然地消化并接受所谓的不幸,让自己开怀起来。

无论我们的命运是痛苦还是愉快,都是上苍赐予最珍贵的财富。我们要学会接受,学会包容,学会慈爱,学会珍惜,学会豁达,知足于恬淡的生活,让心灵有一种内在极致的朴素美,让我们的人生更加光彩照人。

快乐需要自己去培植,更需要用心去体会。如果我们用心去体

会,濛濛细雨会给我们欣喜,习习凉风会给我们惬意,万里晴空会给我们舒畅;一句简单而朴实的问候传递的是友好,一个无言而坚定的眼神传递的是鼓励,一次有力而温暖的握手传递的是支持,哪怕递给我们的只是一杯白开水,这里面也蕴涵了浓浓的关爱。生活其实一直是被幸福包围着的, 只要我们用心去体会, 其实快乐时常与我们相伴。

快乐其实是一种心境,一种精神状态。快乐发自你的内心,你可以随时创造一种"我很快乐"的心境:

微笑:如果你的情绪一直处于低落的状态,例如你肩膀下垂,走起路来双腿仿佛有千斤重似的,那么你就真的会觉得情绪很差。一脸哭相的你,没有人愿意理睬。那么,要怎样改变呢?很简单,你只要深吸一口气,抬起头,挺起胸,脸上露出微笑。微笑和打哈欠一样,也是会传染的,如果你真诚地对一个人展颜而笑,他一定无法对你生气。

放松:快乐的人总是这样对自己说:我觉得快乐,我会在各方面干得越来越好,我会越来越快乐。你反复地对自己说一些话,如"我很放松""我很平静"等,时间久了,这些话就会进入你潜意识中。

忆趣:现在,我们一起来尝试一下幻想愉快的心理图像。首先,放松下巴,抬起脸颊,张开嘴唇,向上翘起嘴角,对自己说"忆些趣事"。把快乐图像化,像一部电视剧一样对自己播放,这就是愉快的心理图像法。

2.请记住,笑着走路的人,运气更好

能够忍受痛苦,具有应对任何意外事故的能力,是取得胜利的基本特质。

尽管人人都希望生活快乐如意,但无论怎么努力、怎么平衡,还是

会有一些悲伤和痛苦无法避免。那些伴随着生活琐事发生的失望、沮丧和痛苦,就像四季的气温变化,是正常而自然的,需要你默默地承受和消化。

有一则有趣的故事,讲的是两只蚌和一只螃蟹的对话。虽然故事短小,却蕴涵着极为深刻的意义,告诉人们应该如何接受必要的痛苦和悲伤。

一只蚌对另一只蚌抱怨说:"我真是痛苦不堪,那颗丑陋的沙子在我的身体里滚来滚去,让我浑身疼痛,整日都无法休息!"

另一只蚌闻言却哭泣着说:"我倒是宁愿那么痛苦!谁都知道,只要过了这个最艰难的时期,你就可以生出美丽的珍珠,这是多么让人美慕啊!"

一只螃蟹听到两只蚌的对话,忍不住站出来说道:"其实你们都不需要抱怨!有沙子在身体里的蚌啊,接受你这短暂的痛苦吧,你迎接的将是永恒的珍贵!没有沙子的蚌,请你安静地等待吧,只要你愿意让沙子进入你的身体,每一天都是机会。即使永远都没有沙子,你享受的难道不是轻松和快乐吗?哪需要去眼红别人的遭遇!"

从"我"中跳出来,与别人进行交流沟通,参考各自的生活轨迹和方式,这是一个很容易破解痛苦的方法。因为相互的比较,可以让人们清楚地看到原来被忽略的一些事实和本质。例如,尽管你的职业不够响当当,但是你的薪水很稳定;尽管你的相貌很普通,但是你的子女很上进;尽管你的老板很苛刻,但是你的妻子很贤惠……一旦你开始诚心感恩上天的赐予,就会不好意思再夸大自己那些微不足道的痛苦。而"我是世界上最不幸的人"的自我暗示一旦消除,人的压力和负担就会减轻,再大的痛苦,也会被轻易地瓦解与消除。

其实,一个人忍受痛苦的耐力,就是验证自我能力的试金石。很多

时候,忍受痛苦并不代表放弃抵抗,而是要让自己从这种悲伤中找到出路,在苦痛中创造出美好的明天。

第二次世界大战中盟军杰出的指挥官之一,英国将军伯纳德·蒙哥马利在与德国名将隆美尔的作战中声名鹊起,他因为打败了这只"沙漠之狐"而成名。然而,很多人不知道的是,蒙哥马利的童年,其实是在痛苦的忍耐中度过的。

蒙哥马利是家里的第四个孩子。幼年时期因为天性好动,不喜欢学习,所以经常做出违背父母意愿的顽皮举动,常让有洁癖的母亲异常恼怒,导致他经常受到母亲的责骂和冷落。情况严重的时候,母亲甚至会用"你只能当炮灰"这样的话语来攻击可怜的儿子。而且母亲总是在人前批评他、打击他,这更让别人有机会和理由去小看他了。母亲的暴躁和绝情伤害了蒙哥马利的心灵。因此,从他成年进入军队以后,便至死也不愿意和母亲往来。

但是,母亲施加的这些伤害并没有让蒙哥马利沉沦于痛苦中不可自拔。尽管他每天都处于阴影之中,但他仍然接受了命运的安排,不去理会那些非议和嘲讽,坚持做自己觉得正确的事情。

在蒙哥马利后来的回忆录里,他说道:"我童年缺乏母爱所带来的世人对我的嘲笑和蔑视,这种刺激造就了我坚韧不拔的意志和超凡的智慧。没有这种特质,我不会成为后来的蒙哥马利。"

无论多么痛苦,只有忍受住煎熬,敢于承受事实,做自己应该做的事,才可能在不知不觉中得到自信,寻找到一条崭新的道路。而蒙哥马利就是这样一个不甘受压于痛苦,敢于走出困境,缔造不朽成就的伟大人物。

人的生存不是为了吃苦,但是苦来了,我们也不用畏惧。勇敢地面对变化,毫不退缩地忍受痛苦,是打开意志力的阀门。

享誉国际的大导演李安，在成名之前曾经有过一段非常潦倒的日子。从纽约大学戏剧系毕业以后，李安并没有如愿以偿地开始他的事业，反而陷入了毕业即失业的窘境。那段日子，身为药物研究员的妻子天天外出上班，而李安则当起了家庭"煮"夫，在家带孩子，练习厨艺，一待就是6年，其煎熬不是一般人可以理解的。幸好，李安的痛苦只是暂时的。大多时候，即使只是在厨房里做着简单的家事，他也像蜕变前的蝶蛹般忍耐着、变化着，让留在内心深处的理想随着不间断的筹划而慢慢实现。最后，他终于抓住了机会，成就了自己的一番事业。

让蚌忍受痛苦的是绮丽的珍珠，让李安忍受痛苦的是美好的前程。

因此，不要期待那传说般的时来运转，也不要因为暂时没有机会而抱怨唠叨。或许，机会在来临的途中悄悄地睡着了，而你的坚持就是唤醒它的唯一妙方。从最小的努力做起，然后用完整的计划和不懈的行动来促成机会的造访。

寻找你内心的本真——善良

善良是人生的灯塔，它不仅照亮了我们前行的方向，也给人们、给世界带来了光亮。只有经历过善良的人，才能悟透善良的含义，"吃亏是福"在这时也有了清晰的注脚。

我们苦苦地追逐财富，却不知道善良才是这个世间最为珍贵的

宝物,是一笔无价的财富,也只有善良才是我们心灵真正的归宿。善良,在我们每个人的内心深处,即便是罪孽深重者,穿过灵魂的缝隙,也总能寻到一丝善的光芒。当我们自以为失败,甚至一无所有时,至少还有时间和未来;当我们自以为贫穷,甚至一文不值时,至少还有微笑和善良。善良是广阔无垠、包容一切的胸怀;善良是没有得失的计较、没有好坏的执著的一种大气;善良是一种看不见、摸不着的美丽;善良是一种至尊、高贵的气质。生命会因为善良而闪烁瑰丽的光芒。

1.用温暖点燃他人的温暖,用善良喂养自我的善良

善良似乎是一个过了时的字眼。在生存竞争中、在各种各样的人际关系中,利益原则与实力原则似乎早已代替了道德原则。

我们当然也知道某些情况下一味善良的不足恃,听过不少关于善良即愚蠢的寓言故事,如《东郭先生》、《农夫与蛇》,善良的农夫与东郭先生是多么可笑呀。故事告诉我们,如果你的对象是狼或者蛇,善良就是自取灭亡。

但我们也不妨想一想,那些需要帮助的人当中,有多大比例是毒蛇或者恶狼? 在宇宙万物中,又有多大比例是毒蛇和恶狼?

清嘉庆年间,有一个叫周维城的人,因孝顺父母而闻名。据说,一个老头看到周维城,和他交谈,认为他奇异出众,当下就把女儿许配给了他。

这件事有点夸张,但更特别的事还在后边。

一个曾跟他一起做过买卖的朋友,活得有点落魄,实在混不下去了,便跑到他这里来,希望能得到救济。周维城二话没说,便拿出钱来

资助他。

然而，那位朋友走的时候，有人在他的行囊里发现了周维城店里的东西。大家都很气愤，把这件事告诉了周维城。哪知，周维城却赶紧让人把东西放回到朋友的行囊里，而且还特别叮嘱大家不要说破这件事。后来，朋友再来，周维城待他还像原来一样。

店里的伙计觉得周维城太善良了。周维城笑笑，说："有两个人的故事，我一直忘不了，也讲给你们听听。

"一个人姓吴，徽州人，在富阳一带做买卖。每年的年末，到了晚上夜深人静时，他都要怀揣好多金子，奔走在里巷之中。只要碰到穷人家，他就会把金子放在这家人的院里，而且做得悄无声息。也因此，好多穷人家的年，过得有滋有味，却没有一家知道，这钱是谁给他们的。

"另一个人姓焦，江宁人。有一次，他带300金来富阳做买卖，正赶上江水泛滥，好多人家都被水淹了。他急了，拿出300金来，说谁能拯救落入江水中的人，救起一个，就给一金。此语一出，会水的人纷纷下去救人。他没有食言，好多落难的人都被救了回来。不仅如此，他还出钱为那些受灾的人买吃的喝的，水患过去之后，还给他们盘缠，送他们上路。那一次富阳之行，他买卖没做成，却把300金花得一干二净。然而，自始至终，姓焦的商人没有说过一句可惜的话。"

在人性的美面前，有3种人：一种是麻木冷漠的人；一种是相形之下，意识到自身卑琐的人；而另一种人，却用温暖点燃了他人的温暖，用善良喂养了自我的善良。

所以，无论经历怎样的坎坷、怎样的磨难，都要坚定地守护心底的善念。只有这样，我们才不会在纷繁的世事、喧嚣的繁华中迷失生命的方向；我们的内心世界才有阳光的灿烂、百花的芬芳；生命的旅途中才会轻歌曼舞、笑声飞扬；我们才能抵挡人生道路中所有的风雪雨霜。

2.心怀善意的人,人生的路必将越走越宽

一名劫匪头戴面罩,冲进捷克北部城镇捷克捷欣的一家商店,拔枪向店员要钱。59岁的店员马尔凯塔·瓦霍娃既没有奋起反抗,也没有给劫匪拿钱,而是不慌不忙地递给他一杯茶和一块蛋糕。

奇迹因此发生了,劫匪放下了敌意,和瓦霍娃聊了起来。他们谈得很放松,也很和谐。"我问他为什么干这个,我们就聊了起来。当时店里没有其他人,因此我猜他放松了一点。"瓦霍娃说。

瓦霍娃还对劫匪说,如果他愿意,可以跟她讲讲他的故事,还可以喝茶,吃蛋糕。劫匪居然同意了,最后离开前还没忘记道歉和道谢。

瓦霍娃的一杯茶和一块蛋糕,就这样不动声色地化险为夷。虽然劫匪曾拿枪指着她,但瓦霍娃仍愿意相信"他是个挺好的年轻人"——正是这种善意的想法拯救了瓦霍娃自己。

我国南方某市曾发生过这样一个真实的故事:两名毫无经验的绑匪绑架了一个6岁的孩子。在等待赎金的过程中,他们身无分文。其中一人出去借了20块钱,买回来两个盒饭,一盒给了那个孩子,另一盒两个绑架者分而食之。获救后,孩子对警察说:"警察叔叔,放了这两个叔叔吧,他们不是坏人,他们实在太穷了。"

两个"毫无经验"的绑匪,绑架失败,却获得了被绑架者——一个6岁孩子的同情和宽恕,这一切只源于他们一个小小的善举——把用借来的钱买来的一个盒饭给了孩子,而他们两个成年人却分食另一个盒饭。

这听起来多少有些让人难以置信,可在一个6岁孩子的眼里,这种善意留给他的印象比绑架带给他的恐惧感要强烈得多、深刻得多。这就是善意的力量。

黎巴嫩南部城市苏尔有家很普通的理发店,店主叫法里斯。一天,店里来了个衣衫褴褛、蓬头垢面的人。法里斯热情地招呼他坐下,并认真地给他剪起了头发。那人说他叫萨米,在附近的建筑工地打工。理完发的萨米精神多了,俨然跟换了个人似的。

该付钱了,萨米却说他根本没钱,身上只有一张前几天买的彩票。萨米说如果他中奖了,愿意把奖金的一半送给法里斯。法里斯笑了,他知道萨米中奖的几率微乎其微,但他还是欣然答应了。

谁也不会想到,奇迹竟然真的发生了。几天后,萨米拿着7.5万美元来补交理发费。他那张彩票竟然真的中了奖,奖金高达15万美元。

有位印度人曾经说过这样的话:"如果某个人在路上发现有人中了箭,他不会关心箭从哪个方向飞来,也不会关心箭杆用什么木头做成,箭头又是什么金属,更不会在意中箭的人属于什么阶级。他不会过问这么多,只会努力去拔出那人身上的箭。"这就是善意,是人最本能、最原始的能力。正是这种善意,使人类得以一代代地传承。

古人有云:"心净生智能,行善生福气。"心就像一粒种子,生长在天地之间,喜怒哀乐的情感造就了善恶之心。有一颗充满善意的心,行为和语言就会大不一样。心怀善意的人,人生的路必将越走越宽。

你的心态就是你真正的主人

人活着总会被现实生活中的烦恼所束缚,有时候真想逃离红尘的喧嚣去寻觅一片清净无染的灵山净地。其实灵山并不是离你十万八千里,它在我们的三寸心田里。我们并不需要去寻觅那方净土,而是要渐渐地学会在生活中寻觅属于自己的宁静和快乐。

你的心态就是你真正的主人,要么你去驾驭生命,要么生命驾驭你。你的心态决定谁是坐骑,谁是骑师。用心经营我们的心灵世界,我们也许不能拥有一个最完美的环境,但却可以给自己一个最美好的心境。

生活就如同一面镜子,关键看你以怎样的心态去面对。你对着镜子笑,生活也会对你笑;你心若阳光,生活也必然一片灿烂。

1.安静专注,拒绝浮躁

中国文化给人的感觉一直是沉稳、含蓄的,就如太极拳般心平气和、不急不躁。《论语》说:"欲速则不达,见小利则大事不成。"但是,当今社会,经济高速发展,物质水平不断提高,不少人都少了耐心,多了急躁;少了冷静,多了盲目;少了脚踏实地,多了急于求成……在市场经济的大背景下,很少人能按捺住自己躁动的心,守住那份可贵的孤独与寂寞,而是变得越发浮躁和急功近利。

"浮躁"指轻浮,做事无恒心,容易见异思迁,不安分守己,脾气急

躁,总想投机取巧。浮躁是一种情绪,一种并不可取的生活态度。浮躁者对现有目标的专注度不够、耐心度不足,对现有的目标拥有不切实际的想法和希望。

人浮躁了,就会终日处在又忙又烦的应急状态中,脾气会变得暴躁,神经会越绷越紧,长久下来,就会被生活的急流所挟裹。这种情绪在人的内心里积存下来,久而久之,就会逐渐形成某些人固有的性格,使他们在任何时候、任何环境中,都不能平静下来,从而不自觉地,在盲目和冲动的情况下,作出错误的决定,给自己造成更大的精神压力,让自己越来越急躁,最终形成恶性循环,一发不可收拾。因此,想成就大事者,要心存高远,更要脚踏实地。

在一些人的心灵深处,总有那么一股力量使他们茫然不安,让他们无法宁静,这股力量就是浮躁。

古时候有这样一对兄弟,他们都很有孝心,每日上山砍柴换钱为老母亲治病。

一位神仙为他们的孝心所感动,决定帮助他们。于是告诉他们两个人,用四月的小麦、八月的高粱、九月的稻、十月的豆、腊月的雪放在千年泥做成的大缸内密封七七四十九天,待鸡叫三遍后取出,汁水可卖钱。

兄弟两人各按神仙教的办法做了一缸。待到第四十九天鸡叫第二遍时,老大耐不住性子打开了缸,一看里面是又臭又酸的水,便生气地将其洒在地上。老二则坚持到了鸡叫三遍后才揭开缸盖,发现里边是又香又醇的酒。

"酒"字和"洒"字只是差了那么一小横,老大比老二也只是早了那么一小会儿,却造成了巨大的差距。有些时候,我们需要在心中添把火,以燃起某些希望;而有些时候,我们需要在心中洒点水,习惯等待,

以浇灭某些急于求成的欲望……只要我们能够真正地静下心来，认真地去学习、工作，我们会做得比现在更好。

在生活中，人们热情饱满，甚至凡事跃跃欲试，自然不是什么坏事，生活本来就需要这样一种劲头。但是热情也要讲究方式，用在积极的心态上，热情是一种动力；而人们所表现出的浮躁，则是一种对热情的错误运用。

浮躁的人缺乏的不是热情，而是合理分配和利用热情的能力。这类人在处事上常常缺乏理智，容易半途而废、浅尝辄止，宜将热情消极化。如梁实秋所说，为迫切完成某事而心浮气躁，容易导致言行过分，这不仅有碍于人际关系，容易语出伤人，更容易分散心智，影响做事的效率或是错过眼前的良机。

谭传华用一把小小的木梳打开了他的商业市场，建立了"谭木匠"的品牌，成为了一个成功的商人，或者说成功的企业家。成功后的谭传华，在成功面前变得有些膨胀和浮躁。因为浮躁，他有过一次失败的投资，这次"出轨"的投资，就是他把目光转向了电视业。

成功后的谭传华，在几个朋友的怂恿下，决定投资拍摄方言电视剧《爬坡上坎》。在投资了250万元之后，这部电视剧一度给他带来了不小的惊喜：那年春节前，多家电视台打电话预订这部电视剧，以至于公司的两部联络电话"都打爆了"。但是，谭传华"明显感觉到以后还会有更大的买家找上门"，他决定再"等一等"。但是春节过后，公司的两部联络电话安静得像两个古董，再没有发出任何声音。无奈之下，谭传华以150万元的价格，勉强将这部电视剧卖了出去。这一次，他损失了100万元。

对于谭传华来说，这是一个教训。他意识到了自己的浮躁，经过再三考虑后，他给自己定下了方向，那就是不能走"多元化"的发展道路，而要专心于他的特长。如今，"谭木匠"加盟店数量已超过了500家，新

加坡、马来西亚等地也有了该品牌的加盟店。

成功与失败,平凡与伟大,往往就在等待的一念之间。许多成功人士的重要秘诀甚至就是他们将全部的精力、心力都放在一个目标之上,而且善于等待;而另外还有一些人,他们虽然很聪明,但心存浮躁,做事不专一,缺乏意志和恒心,到头来只能是一事无成。

想要改变浮躁性格,可以从以下几个方面来做:

(1)在实践中锻炼耐心。耐心都是锻炼出来的,缺乏耐心也就等于自动丢掉了成功的机会。在生活中多多锻炼自己的耐心,做每一件事时都要学会安下心来,不要总是想着结果如何,要把精力放在如何做好这件事上。

(2)多看有积极意义的电影或书籍。这既能让你放松心情,调节生活节奏,同时也能为你带来更强大的生命动力,让你拥有更多的生活热情。

(3)遇到急事先冷静。焦急的情绪并不能帮你解决任何问题,只有思考才行。思考一下如何做才能最大限度地降低损失,怎么样处理才能较合理地解燃眉之急,然后马上去行动。

(4)学会循序渐进地做事。凡事不可贪大,成功要一步一步来。做事前首先要安下心来,为自己树立起框架,然后从最微小的部分做起,循序渐进,逐渐完成。

有一个小和尚,每次坐禅时都幻觉有一只大蜘蛛在他眼前织网,无论怎么赶都不走,他只好求助于师父。师父就让他坐禅时拿一支笔,等蜘蛛来了就在它身上画个记号,看它来自何方。小和尚照师父交待的去做了,当蜘蛛来时,他就在它身上画了个圆圈,蜘蛛走后,他便安然入定了。

当小和尚做完功一看,却发现那个圆圈在自己的肚子上。原来困

扰小和尚的不是蜘蛛,而是他自己。因为他心不静,所以才感到难以入定。正像佛家所说:"心地不空,不空所以不灵。"

平静是一种幸福,它和智慧一样宝贵,其价值胜于黄金。真正的平静是心理的平衡,是心灵的安静,是稳定的情绪。

2.把光线放进去,黑暗自然会逃走

我们虽然不能赶走室内的黑暗,但只需把光线放进去,黑暗自然就会逃走!打破我们的消极心态也是如此。只需点亮心灯,一切都会慢慢好起来。

我们之所以沉溺于悲伤,看不见光明,是因为我们忘记了打开窗户,光线自然照不进来;我们之所以时常茫然,时常丢失自己,是因为忘记了享受阳光。

人生如四季,有严寒与酷暑;人生如天气,有晴朗与风雨;人生如道路,有平坦与崎岖。但无论何时,把光线放进心中,就不会感觉伤悲抑郁。

一个悲观的女士去拜访一个乐观的女士。快走到时,悲观的女士看到了一扇漂亮的旋转门。她轻轻一推,门就旋转了起来。她随着玻璃门转进去,见乐观的女士正站在那里等她。

悲观的女士虔诚地问:"我今天来是想向您请教,快乐有什么窍门。"乐观的女士用手指了指她的身后:"就是你身后这扇门。"

悲观的女士回过头去,看见刚才自己走过的那扇旋转门正慢慢地旋转着,把外面的人带进来,把里面的人送出去。两边的人都顺着同一个方向进进出出,谁也不影响谁。

我们每个人的心里都有一扇门，不过材料不同罢了。有的人是带锁的木门，成功快乐时就打开，而失败痛苦时就关闭，把自己锁在黑暗里；有的人是旋转的玻璃门，不管成功还是失败，快乐还是痛苦，总会旋转起来，把失败和痛苦旋转出去，让希望和未来旋转进来；有的人是一扇永远打不开的铁门，阳光照不进去，所以内心就一直封闭在黑暗之中。

人需要自由和向上的生活，需要阳光给我们带来生命的气息。不要再去思考人活着究竟有何意义，不要再因烦琐的工作而耽误你享受阳光的时间。生活需要阳光！请把窗户打开，让阳光洒进来！

黄祯一直和丈夫一起过着拮据的生活，他们有两个孩子。可是，丈夫忽然患了癌症，为了支付昂贵的治疗费用，她不仅花光了家里仅有的一点存款，而且还借了许多外债，但最终仍然没能挽回丈夫的生命。丈夫去世后，家里已经是一贫如洗，黄祯不得不努力赚钱养活自己和两个孩子。她以分期付款的方式买了一辆旧车，去为一家出版公司推销图书，没有固定薪水，全靠业务提成，收入毫无保障。

黄祯觉得孤独、沮丧，每天都有无数个担心：怕付不起购车贷款，怕交不起房租，怕没有足够的东西吃，怕付不起孩子的学费，怕突然生病而无钱看医生……她觉得生活毫无希望，想自杀以寻求解脱，但又怕孩子沦为可怜的孤儿。她真不知道该如何熬过每天了无生趣的日子。

有一天，黄祯在一本书上看到了后来改变她命运的一句话："对一个聪明人来说，主动打开窗让阳光照进来，那么每天都会是一个新的生命。"她忽然醒悟，原来自己一直活在昨天的不幸和明天的恐惧中，反而忽略了今天。

黄祯因为这句话激动了半天，她将其打印出来，一份贴在床头，一

份贴在车子前面的挡风玻璃上。每天起床的时候,她对自己说:"今天又是一个新的生命!"每天开车上路的时候,她也会对自己说:"今天是多么美好的一天。"然后满怀希望地上路。

渐渐地,黄祯学会了忘记过去,不想未来,只想如何干好眼前的每一件事情。她的心情逐渐开朗了起来,她的笑容和乐观也感染了她的客户,销售业绩和个人收入成倍增长。她还清了债,经济状况得到了很好的改善。后来,她还遇到了一个好男人,重新披上了婚纱,过上了幸福的生活。

也许有的人会说,生活对我来说充满曲折和坎坷,磨难一个接着一个,幸福于我总是遥不可及,我怎么可能拥有快乐,怎么能不发脾气呢?

其实快乐与人生的顺境和逆境无关,只与人的愿望和努力的方向有关。

也许你有不幸的童年:幼年丧父或丧母,甚至是一个父母双亡的孤儿,可是你幼小的心灵里充满了不甘示弱的倔强,你当哭就哭,当笑就笑,用勤奋和韧性代替了心中的幽怨和委屈,就像磐石底下拱出的一棵嫩芽,不停地将弯弯曲曲的细长身体顽强地向上伸展着,去竭力争取阳光雨露的滋润。于是,它的根在挣扎着生长的过程中深深地植入大地的胸膛,饱饮泉水和养分;它的躯干和枝叶迎着灿烂的阳光茁壮而蓬勃地繁茂着;即便是在风雨中,它也在不停地歌唱。所以,童年不幸的你完全可以像这棵嫩芽一样,用坚强和乐观洗去脸上的阴郁和眸子里的泪光,一步一步扎实地向前走,最后长成一棵参天的大树。

也许你在情感的道路上突然遭受了一次严重的伤害,你的心被摧残得支离破碎,就像灵魂已经飞走了一般。但只要你心中还有一丝快乐残存,它就会慢慢治愈你心头的创伤,使你那颗被情爱迷惑的心重新复苏,让你感觉到天涯处处有芳草,助你重新找到属于你的爱。

也许健康的你突然遇到一场飞来横祸,落下了残疾;也许原本家财万贯的你突然破产,一夜间变成了一个一贫如洗的穷光蛋;也许聪明好学的你竟然高考失利……总之,世事无常,命运多舛,任何人都可能在任何时间和任何地点,遭受到不同的打击和挫折。但是,同一件事情,你从不同角度来看待,就会有不同的感受。

比如,兢兢业业工作着的你突然失业了,你可以抱怨命运的不公平,可以痛恨上司的无情,可以忧伤得一筹莫展,但你也可以这样想:命运又成就了我一次选择职业的机会,也许我的生活从此会变得比以前更充实、更富裕。于是,你心情轻松地踏上了求职的道路。

再比如,你不小心丢失了一件价格不菲的皮大衣,你可以对自己的粗心懊悔不已,可以对拾金而昧者耿耿于怀。但是,你也可以这样宽慰自己:从此,一个衣衫褴褛的穷人不必再惧怕冬天的严寒,你也因此有了一种助人为乐后的快慰。既然一切都不会失而复得,那就财去人安乐吧!

再比如,孩子拆坏了你精心收藏的一块钟表,你可以痛心疾首地揍孩子一顿,于是孩子哭,大人骂,家里顿时硝烟弥漫。可是,你也可以在片刻的痛心之后,马上这样想:孩子在实践中又长了见识。于是,你亲切地摸摸孩子的头:"孩子,你能把它再重新装起来吗?"笑一笑,自己乐,孩子乐,何乐而不为?

迈克和汤普森几年前跟人合伙做生意,运货船突遇风浪,他们所有的财产包括梦想都沉入了海底。迈克经不起这个打击,从此一蹶不振,整天失魂落魄、神思恍惚;可是汤普森却活得有滋有味,他每天白天去码头做搬卸工,晚上还要去图书馆看营销方面的书籍,生活得很充实、很快乐。于是迈克就去问汤普森,为什么经历了这么大的磨难,他还能乐得起来?汤普森说:"你咒骂、伤心,日子一天天地过去;你快活、高兴,日子也一天天地过去。你选择哪一种呢?"他还劝迈克说:"你

每天早晨起床前、晚上睡觉前,都花一些时间重温当天发生的美好事情,这样坚持下去试试。"

果然,通过这种方式,迈克很快就培养起了对生活的积极态度,从而变得日益快乐起来。不久,他在家人和朋友的帮助下,又开始从小生意做起。现在,他已经是一个成功的商人了。

一个人快乐与否,与物质和社会环境无关,生活在和平、繁荣国度里的人不一定就更快乐。大量资料表明,第二次世界大战以来,人们的生活质量在诸多方面都有所提高,然而自认为生活快乐的人并没有增加。相反,现代人拥有坏心情的几率却增加了10倍。金钱和财富似乎能够带来快乐,然而当收入能够满足基本需求之后,金钱就不再是快乐的源泉了。

快乐,其实是一种境界,一种追求,一种憧憬,也是一种情绪。懂得了控制情绪的方法,你就已经站在快乐的一方了。

谁都无法"平安无事、无忧无虑"地过一辈子,都可能遇到不是那么尽如人意的事。有的人能从挫折中了解人生的真谛,从困难中取得生存的经验,从而欢乐常有,勇于奋进,最终到达成功的彼岸;而有的人则把苦难和忧愁闷在心上,整日里阴云愁雨,烦恼不尽,不能自拔,不仅难点照旧,事业无成,而且累及身心健康。

因此,可以说,一个人快乐与否,不在于他是否遇到了困境,而在于他怎样看待困境。也就是说,消极心态与快乐是无缘的。

星期天,你本来约好和朋友出去玩,可是早晨起来往窗外一看,下雨了。这时候,你怎么想?你也许想:糟糕!下雨天,哪儿也去不成了,闷在家里真没劲;如果你想:下雨了,也好,今天在家里好好读读书、听听音乐,也很不错。这两种不同的心理暗示,会给你带来两种不同的思考方式和行为。

鱼在水里游来游去,那么从容,那么自在,它的快乐全部弥漫在水

中,而我们人类的快乐却藏匿在生活的各个角落。它们是那样的简单,简单到只需人们用心去细细地品味。只要我们有一颗细细品味幸福的心,快乐自会萦绕在我们身旁。

延伸阅读:幸福练习题——痛苦的围墙与幸福的阶梯

围墙与阶梯的比喻能够帮助我们了解生活中的各种因素如何影响我们的幸福、我们如何能够使生活充满快乐以及如何避免不必要的痛苦。

围墙有3个不同的层次,每层都由不同大小的石材筑成:

第一层:像行星一样巨大的地基石材。

第二层:足以让健壮的男人不堪重负的房屋石材。

第三层:几乎无法举起的沾满泪水的石材。

现在,让我们登上阶梯,一起探查一下这3个层次。

第一层:地基石材

这里没有规则,只能跟着感觉走。

痛苦的围墙与通向幸福的阶梯都是由一系列巨大的地基石材筑成的。每块石材都重达几吨,并且像苍穹一样亘古不变。

地基石材是一个人的基因、童年、过去的经历,以及所有那些已经完成的、无法改变的事实。这些石材确实无法移动,它们是生活的一部分,构成了过去。

围墙最基础的石材是基因,而你继承了它们。父母的基因也许有的你没能继承,但你的基因却永远都是你的。

你能在多大程度上把握自己的幸福?

如今,大多数研究者认为,基因决定了我们一半的性格,这就把另一半的决定权留给了我们自己。更好的消息是,我们与其他哺乳动物

不同,它们出生时大脑的98%已经发育完全,而人类的大脑在出生时只发育了38%,这使得我们有62%的几率去塑造自我。

其他基石在我们很小的时候就形成了。如父母或手足的死亡,不和睦的父母关系,家庭破裂,家中有人酗酒或吸毒,情感问题,虐待和忽视孩子,重大的疾病等。研究者们发现,除了疾病,其他的每一项都能降低成年后的幸福感。那些经历了多种幼年创伤的人更是不容易得到幸福,而且成年后收入也更少。

正如有些幼年的经历会给人们留下创伤,有些经历也会使人们感到温暖,带来爱和安全感。

第二层:房屋石材

矗立在巨大基石之上的是第二层——房屋石材,即我们所处的环境、周遭的状况。其中有些我们能够选择,有些则不能。

其他应该珍惜的第二层房屋石材还有:房子后面的森林、从事的事业、温馨的家庭等,这些都是通向幸福阶梯的房屋石材。

尽管有些房屋石材可以移动,但仅靠一本书无法引导你完成整个过程。现在,让我们暂且撇开房屋石材,一旦掌握了本书中关于幸福的习惯后,你也许会重新来阅读这部分内容。

第三层:沾满泪水的石材

幸福的一扇门关上了,另一扇门却敞开了。人们往往过于专注关闭的大门,而看不到那扇已经开启的大门。

对第三层沾满泪水的石材的感受,就像清晨嫩草上的露珠,也许有些甚至会使人沮丧,但它们并不会存在得太久,只是从你的时光中倏忽而过而已。

有些沾满泪水的石材是可以移动的。现在处理它为的是避免明天栽跟头。希望您能通过阅读本书来体会这一点。

有些沾满泪水的石材是无法移动的。要是一个南瓜从你的屋顶上坠落并把你的餐桌砸得粉碎,你能说什么呢?

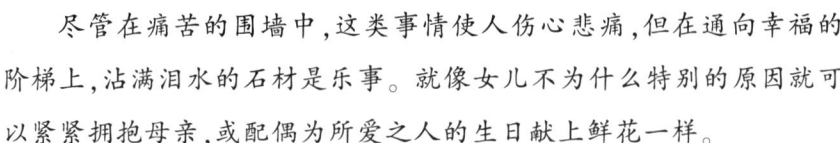

　　尽管在痛苦的围墙中,这类事情使人伤心悲痛,但在通向幸福的阶梯上,沾满泪水的石材是乐事。就像女儿不为什么特别的原因就可以紧紧拥抱母亲,或配偶为所爱之人的生日献上鲜花一样。

　　有些事情用不了3个月就会失去对幸福的影响,即使重大事件对幸福产生的副作用也不过6个月。对待围墙上沾满泪水的石材最好的办法,就是在它们产生影响时热情地拥抱它们,并尽量忽略其产生的影响,直至影响完全消失。(那么多事情发生在我们身上、我们身边,与我们有关,或发生在我们心里。